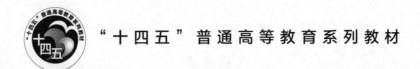

"十四五"普通高等教育系列教材

SHUZI XITONG SHEJI

数字系统设计

孟祥 郑娜
周维芳 张炜 编著

中国电力出版社
CHINA ELECTRIC POWER PRESS

内 容 提 要

本书为"十四五"普通高等教育系列教材。

本书共分 9 章，分别是数字系统及描述方法、数字系统设计基础、可编程逻辑器件、现场可编程门阵列、VHDL 硬件描述语言、简单 Testbench 设计、EDA 软件介绍、基于 EDA 技术的现代数字系统设计、数字系统设计选题。本书每章有本章小结和习题，书后有附录。书中详细设计了大量的应用实例，使理论和实践联系更加紧密；引入了 VHDL 语言基础、EDA 软件 Multisim12.0、QuartusII、Testbench 和可编程逻辑器件 PLD 等的介绍，使读者了解现代数字系统的设计方法。内容丰富实用，有利于培养学生的实践动手能力。

本书可作为高等院校电子信息类、电气信息类、计算机类、自动化类和机电类等专业的数字系统设计、数字逻辑电路设计等课程或实习的教材，也可作为从事电子技术的相关人员参考书。

图书在版编目（CIP）数据

数字系统设计/孟祥等编著. —北京：中国电力出版社，2021.11（2022.11重印）
"十四五"普通高等教育系列教材
ISBN 978-7-5198-4607-7

Ⅰ. ①数… Ⅱ. ①孟… Ⅲ. ①数字系统－系统设计－高等学校－教材 Ⅳ. ①TP271

中国版本图书馆 CIP 数据核字（2020）第 130500 号

出版发行：中国电力出版社
地　　址：北京市东城区北京站西街 19 号（邮政编码 100005）
网　　址：http://www.cepp.sgcc.com.cn
责任编辑：冯宁宁（010-63412537）
责任校对：黄　蓓　郝军燕
装帧设计：赵姗姗
责任印制：吴　迪

印　　刷：望都天宇星书刊印刷有限公司
版　　次：2021 年 11 月第一版
印　　次：2022 年 11 月北京第二次印刷
开　　本：787 毫米×1092 毫米　16 开本
印　　张：14.75
字　　数：353 千字
定　　价：45.00 元

前　　言

随着科学技术的飞速发展，电子技术在各行各业的应用越来越广泛，已经成为人们生产生活中不可缺少的一项重要技术。20 世纪 80 年代以来，由于数字集成电路和计算机技术突飞猛进的发展，数字电子技术正扮演着越来越重要的角色。为了适应科学技术发展和满足生产实际的需求，数字系统设计已成为高等学校人才培养课程中一门重要的技术基础课，是后续电力电子技术、单片机原理及应用、嵌入式系统设计和毕业设计等必备的基础课。为了适应应用型本科高等学校培养面向应用的实用型高级人才的目标，为了提高学生们设计数字电子系统的能力，使《数字系统设计》课程的教学内容和教学体系不断完善，并能及时反映日新月异的电子新技术，新器件、新应用，结合编者多年教学科研的实践经验和指导大学生电子竞赛设计经验，并查阅大量中外文献资料和数据手册，编写了本教材，本书具有以下特色：

（1）侧重基本概念、基本理论、基本分析方法的论述，内容安排尽可能由浅入深，循序渐进，通俗易懂，便于自学。

（2）叙述尽可能做到概念准确、深入浅出，行文流畅。

（3）设计了一定数量的应用实例，给出详细设计方法，以便提高学生的学习兴趣和电路设计能力。

（4）内容取舍上兼顾了经典数字系统设计方法与最新现代数字系统设计方法的结合，经典数字系统设计方法采用小规模、中规模数字集成电路实现，现代数字系统设计方法采用 VHDL 语言编程，利用 PLD 和 EDA 技术实现，使读者了解现代数字系统的设计方法。

本书由北华大学老师编著，北华大学孟祥编著第 1、2、3、9 章，郑娜编著第 8 章和 7.1 节，周维芳编著第 6 章、7.2 节和附录，张炜编著第 4、5 章，最后由孟祥统稿。

本书在编写过程中借鉴了许多参考资料，在此对参考资料的作者一并致谢。

限于经验和水平，书中疏漏之处在所难免，恳请广大读者提出宝贵意见。

编　者
2020 年 1 月

目 录

第 1 章　数字系统及描述方法

当今社会，电子信息技术以其独特的渗透力正在迅速地改变着我们周围的一切，使我们的世界发生革命性的变化，使我们的生活精彩纷呈。数字电子技术作为电子时代的支撑技术，在全球电子信息化的进程中起着巨大的推动作用。从"互联网+"时代下的大数据到物联网，从关乎国家安全的卫星导弹，到生命健康的医疗设备，再到日常生活的家用电器、通信设备、电子玩具，数字化浪潮几乎席卷了电子技术所有的应用领域。数字系统的实现方法也经历了从 SSI、MSI、LSI、VLSL 到 ULSL 的全过程，数字系统的设计和应用进入了一个全新的时代，基于 EDA（电子设计自动化）技术的层次化设计正在成为现代数字系统设计的主流。

本章将介绍数字系统的基本概念和描述方法，包括数字系统的组成、算法流程图、ASM 图（算法状态图）等，并通过实例介绍数字系统的描述方法。

1.1　数字系统的基本概念

由于数字技术在处理和传输信息方面的各种优点，使数字技术的使用已渗透到人类生活的各个领域。尽管应用数学技术实现数字系统的方法和器件多种多样，但基本概念、基本理论是设计人员必须掌握的基础。

1.1.1　数字系统

在电子技术领域中，数字系统是用来对数字信息进行采集、存储、加工、传输、运算和处理的电子系统。

在数字系统中，通常将逻辑门电路和触发器等单元电路称之为逻辑器件，而将由这些逻辑器件组成，能完成某个单一功能的电路称为逻辑功能部件，如译码器、加法器、计数器和寄存器等。含有控制器和逻辑功能部件，能够按照顺序完成一系列复杂操作的逻辑电路称之为数字系统。

数字系统的规模大小不一，有的系统内部逻辑关系十分复杂。对于一个复杂的数字系统可以将其分割成若干个规模较小的子系统，如计算机就是一个内部结构十分复杂的数字系统，它是由若干个功能部件（子系统）构成。不论数字系统的复杂程度、规模大小如何，就其组成而言都是由许多能进行各种逻辑操作的功能部件组成，这些功能部件可以是 SSI 的逻辑门电路，也可以是各种 MSI、LSI 的逻辑部件，甚至可以是 VLSI 的 CPU 芯片和专用集成电路 ASIC 芯片。正是由于这些功能部件之间的有机配合，协调的工作，才使数学系统能完成一系列复杂的逻辑操作，实现数字信息的采集、存储、加工、传输、运算和处理。

在数字系统中，各功能部件的功能通常都比较单一，为了使系统能够正常、有序、协调地工作，数字系统需要配置一个控制器来统一指挥和管理这些功能部件，使它们按一定程序有规律地各司其职，实现整个系统复杂的逻辑操作。在有些数字系统中，某些功能部件本身也是一个具有"小"控制器、担负局部任务的"小"系统，常称为子系统。对于由若干个子系统组成的复杂的数字系统，也需要设置一个总的控制器来统一协调和管理各子系统工作。

通常用是否含有控制器作为区分数字系统和逻辑功能部件的重要标志。凡是含有控制器且能按顺序进行操作的系统，不论规模大小可视为数字系统，否则只能是一个功能部件。例如大容量的存储器，尽管电路规模很大，但也不能称为数字系统，它只能作为数字系统的一个功能部件。

数字系统具有以下优点：

（1）工作稳定，抗干扰能力强。由于数字系统所处理的信号均为二进制的数字量，因此用来组成系统的逻辑器件只要能对高、低电平信号进行判别和转换，并具有一定的噪声容限，就能获得较高的工作稳定性和抗干扰能力。

（2）精确度高。在数字系统中，可以通过增加数据的位数来提高系统处理和传输数据的精确度。

（3）系统可靠性高。为了提高信息传输的可靠性，数字系统可采用检错、纠错和编码等信息冗余技术，利用多机并行工作等硬件冗余技术来提高系统的可靠性。

（4）便于系统的模块化。对于较复杂的数字系统，可以分解成若干个功能部件，采用模块进行设计，即用许多通用的模块来组成子系统，由子系统构成完整的系统，从而使系统的设计、研制、生产、调试和维护都十分方便。

（5）便于大规模集成，易于实现小型化。在数字系统的设计中，可以采用 EDA 技术，选用专用集成电路 ASIC 来实现数字系统。这样，可以将一个复杂的数字系统集成在几片或一片 ASIC 器件中，实现系统的小型化。

（6）可实现片上系统（SOC）。采用 EDA 技术，可以将系统的全部功能模块集成到单一半导体芯片上，实现片上系统（System On Chip，SOC）或集成系统（Integrated System，IS）。

（7）基于 FPGA 器件，可实现嵌入式系统。目前，在数字系统的设计中，可以采用可编程系统芯片（System on a Programmable Chip，SOPC）技术来实现嵌入式系统的设计。SOPC技术就是利用 FPGA 的方法实现系统级芯片设计的功能，即将整个系统放在 FPGA 中，从而实现嵌入式系统。

1.1.2　数字系统的组成

一个完整的数字系统通常是由输入电路、输出电路、数据处理器、控制器和时钟电路五个部分组成。其结构框图如图 1-1 所示。各部分具有相对的独立性，在控制器的协调和指挥下完成各自的逻辑功能，其中控制器是整个系统的核心。

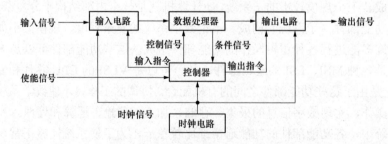

图 1-1　数字系统的结构框图

各部分的作用如下：

输入电路：用于把待处理的外部输入信号转换成系统能接受和处理的数字信号，并传送到数据处理器。通常可由模数转换器、译码器、数据选择器和寄存器等组成。待处理的外部信号可分为模拟量和开关量两大类，如声、光、电、温度、湿度、压力、流量及位移等通过传感器变换后的电信号属于模拟量；而开关的闭合与断开、三极管的导通与截止、继电器的通电与失电等都属于开关量。

输出电路：用于输出信号的处理电路。可以通过译码器、显示电路、寄存器和数模转换器来实现。输出电路的任务是将经过数据处理器运算和处理后的数字信号转换成模拟信号或开关信号，以驱动执行机构。通常在输出电路与执行机构之间还需要设置功率放大电路，为负载提供所需要的电压和电流。

数据处理器：用于在控制信号的作用下，完成数据传输、数据转换和数据运算等任务。如数据的串/并行输入和输出、算术运算、逻辑运算等。通常由寄存器和组合逻辑电路组成。

控制器：按照所接收的使能信号和系统内部条件信号，向系统发出各种控制信号，使系统各部分电路按照正确的时序进行工作，因此，它是整个系统的核心。

时钟电路：用来产生系统工作的同步时钟信号，使整个系统在时钟信号的作用下，一步步地按顺序完成各种操作。

并非每一个数字系统都严格按上述五部分组成。对于简单的数字系统，其输入和输出电路可以省略，但数据处理器和控制器是不能缺少的。

对于复杂的数字系统，每个组成部分都可以看成是一个子系统或若干子系统的组合。因此数字系统可以被认为是由控制器将若干个子系统组合起来的总系统。这样的数字系统结构框图如图 1-2 所示。

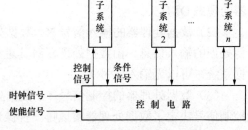

图 1-2 复杂数字系统结构框图

每个子系统用来完成一项相对独立的任务，即某种局部的工作，并将运行的情况反馈到控制器，然后控制器根据使能信号和反馈的条件信号，发出下一个控制信号，来启动下一个子系统工作。这样，子系统在控制信号的作用下进行工作，使整个系统有条不紊地运行。

1.1.3 数据处理器

数据处理器主要完成数据的采集、存储、运算和传输等操作。

1. 数据处理器的结构

数据处理器可以由寄存器和组合逻辑电路组成，其结构框图如图 1-3 所示。其中，寄存器用于暂存信息，包括暂存待处理的数据、中间结果、输出数据和条件信号等，组合逻辑电路用来实现对数据的加工和处理。

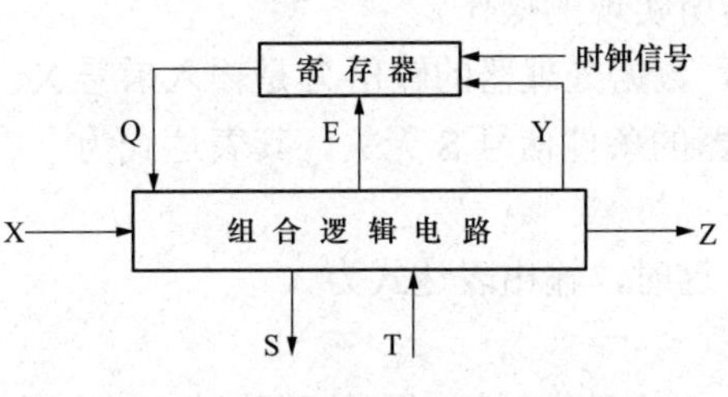

图 1-3 数据处理器结构框图

输入信号 $X(X_1, X_2, \cdots, X_k)$ 和输出信号 $Z(Z_1, Z_2, \cdots, Z_n)$ 是通过数据处理器的数据。控制信号 $T(T_1, T_2, \cdots, T_r)$ 是控制器发出的命令信号，用来确定数据处理器在时钟信号到来时所完成的操作。而功能选择信号 $E(E_1, E_2, \cdots, E_m)$ 是由控制信号 T 形成的，作用在寄存器的功能控制端，实现寄存器操作的功能选择。$Y(Y_1, Y_2, \cdots, Y_j)$ 为寄存器的输入信号，取自组合电路的输出，通常为输入信号 X 的函数。而寄存器的状态信号为 Q（Q_1，Q_2，…，Q_j）。条件信号 S（S_1，S_2，…，S_i）是数据处理器产生的反馈信号，回馈给控制器，决定下一步的操作，通常 S 是输入信号 X 和寄存器输出 Q 的函数。

2. 数据处理器的信号关系

数据处理器的信号主要有输入信号 X、输出信号 Z、控制信号 T、寄存器状态信号 Q 和条件信号 S 等。

（1）寄存器的状态信号 Q。寄存器通常是由边沿触发器构成，其状态是在时钟信号有效沿到来时发生变化。为了便于描述其状态的变化，将时钟有效沿到来之前的寄存器状态称为寄存器的现态，用 Q^n 表示。而寄存器接收信息，在时钟有效沿到来时改变的状态称为寄存器的次态，用 Q^{n+1} 表示。

从图 1-3 所示的结构图可以看出，寄存器的次态 Q^{n+1} 与寄存器的输入信号 Y、功能选择信号 E 以及寄存器的现态 Q 有关。由于寄存器的输入信号 Y 是输入信号 X 的函数（Y 取自组合电路的输出），功能选择信号 E 是控制信号 T 的函数。所以寄存器次态可以直接用输入信号 X、控制信号 T 以及寄存器的现态来表示，其表达式为

$$Q^{n+1}=F（X，Q^n，T）$$

该式表明，寄存器的次态与数据处理器的输入信号 X、数据处理器的控制信号 T 和寄存器的现态 Q^n 有关。

（2）数据处理器的输入信号 X。数据处理器的输入信号 X 来自系统的输入电路，通常是待处理的输入信息。由数据处理器对其进行加工和处理，对于功能单一、结构比较简单的数据系统，可以无输入信号 X。

（3）数据处理器的控制信号 T。数据处理器的控制信号 T 来自控制器的输出控制端，该控制信号决定了数据处理器实现哪一种操作，何时有输出信号。为了使数据处理器能对输入信息进行加工和处理，通常需经过多步操作来实现，所以控制信号应是一组序列信号。例如，控制信号 T 的序列信号为 T_1，T_2，…，T_r，其中每一个元素 T_i 表示数据处理器所进行不同的操作。为了能比较直观地描述其操作功能，常用助记符来表示控制信号，如 CLR、ADD、INC、DEC 等。其中，

CLR 表示寄存器进行清零操作；

ADD 表示将两个寄存器中的内容进行相加操作；

INC 表示寄存器中的内容进行加 1 操作；

DEC 表示寄存器中的内容进行减 1 操作。

采用助记符来表示控制信号，可以描述数据处理器所实现的操作。

（4）数据处理器的输出信号 Z。从图 1-3 可以看出，数据处理器的输出 Z 是输入信号 X、寄存器的现态 Q^n 和控制信号 T 的函数，而与数据处理器的条件信号 S 无关。其表达式为

$$Z=G（X，Q^n，T）$$

在有些情况下，输出信号仅与寄存器的现态有关。这时，输出表达式为

$$Z=G（Q^n）$$

（5）数据处理的条件信号 S。数据处理器在对输入的信息进行加工和处理的过程中，都是在控制器发出的控制信号作用下进行的。数据处理器每完成一步操作后，控制器就要根据数据处理器的条件信号 S 和外部控制信号，来确定下一步的操作。条件信号 S 是通过对被处

理信息的检测而产生的，它反映了被处理信息的状态，与控制信号 T 无关，而与寄存器的状态 Q^n 和输入信号 X 有关。所以数据处理器的条件信号 S 是输入信号 X、寄存器的状态 Q^n 的函数。其表达式为

$$S=R（X，Q^n）$$

3. 数据处理器的明细表

数据处理器的硬件组成通常是由数据处理的任务决定的。用来描述数据处理任务的表格称之为数据处理器的明细表。为了能清楚地描述处理的任务，通常明细表含有两个子表，一个为操作表，另一个为条件信号表。操作表主要用来描述在控制信号作用下，数据处理器应完成的操作和产生的输出结果；而条件信号表主要描述数据处理器提供给控制器的条件信号。

【例 1-1】　已知一个数据处理系统，其数据处理器有两个寄存器 A 和 N，分别用来暂存运算结果和累计运算次数，输入信号为 X，输出信号为 Y 和 Z。该系统是通过 X 与 A 相加，来累计 X 的值。当 A+X≤10 时，X 与 A 进行求和；当 A+X>10 时，停止求和，并由 Y 和 Z 输出运算结果 A 和运算次数 N。试列出该系统数据处理器的明细表。

解　根据题意得知，该数据处理器共有四种操作：①空操作；②对寄存器 A 和 N 清零；③完成输入数据 X 累加和运算次数累计；④输出运算结果和运算次数。根据所完成的操作，设控制信号为 T_0、T_1、T_2 和 T_3，其助记符为 NOP、CLR、ADD 和 OUT。数据处理器通过这些控制信号来实现上述操作，并产生条件信号 S，反映工作状态（即运算情况）。操作过程如下：

步骤①系统处于等待状态，控制器发出 T_0 信号，数据处理器执行空操作 NOP。

步骤②当系统接收到启动信号 ST 后，控制器发出 T_1 信号，数据处理器执行清零操作 CLR，即 A←0，N←0。

步骤③控制器发出 T_2 信号，数据处理器执行累加操作 ADD，即完成 A←A+X，N←N+1。当运算结果 A+X≤10 时，条件信号 S=0，继续进行累加；当 A+X>10 时，S=1 停止累加。

步骤④条件信号 S=1，控制器发出 T_3 信号，数据处理器执行输出操作 OUT，使输出 Y=A，Z=N。

根据上述的操作过程，可列出数据处理器明细表，见表 1-1。

数据处理器由组合电路和寄存器组成，组合电路根据控制信号 T（T_0，T_1，T_2，T_3）产生寄存器的功能选择信号 E，而形成功能选择信号 E 的逻辑电路则由寄存器的功能表和应实现的操作来决定。

表 1-1　　　　　　　　　　　　数 据 处 理 器 明 细 表

操 作 表			条 件 信 号 表	
控制信号	操作	输出	条件信号	定义
NOP（T_0）	空操作			
CLR（T_1）	N←0			
	A←0			
ADD（T_2）	A←A+X			
	N←N+1			
OUT（T_3）	输出操作	Y=A，Z=N	S	A+X>10

1.1.4　控制器

在数字系统中，用于控制数据处理器协调工作的电路称为控制器。它是数字系统执行系统算法的核心，控制数据处理器的操作和操作序列。

1.控制器的结构

数字系统在实现操作任务时，必须通过一个有序的操作序列和检测序列来完成。数据处理器主要负责对数据的操作和检测，而控制器则根据外部控制信号，在时钟信号的作用下进行工作。在进行每一步操作的过程中，控制器都要根据外部控制信号，按照规定计算步骤，以确保整个系统按照正确的操作顺序进行工作，所以控制器决定了数据处理器的控制序列。

为了使整个系统能够按照正确的操作顺序工作，控制器必须具有记忆功能，所以它是一个时序电路。一般情况下，控制器由存储电路（状态寄存器）和组合逻辑电路组成，其处理结构框图如图 1-4 所示。

存储电路主要用来记忆控制器的操作步骤，它的状态 q 与控制器的操作步骤相对应。而组合电路主要用来产生控制信号 T，其工作过程为：在一个状态下，控制器根据接收的条件信号 S 和外部控制信号 C，由组合电路产生控制信号 T。在时钟到来时，存储器转换到下一个状态，确定下一个操作步骤。

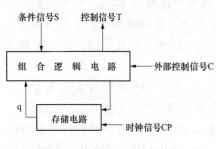

图 1-4　控制器处理结构框图

2.控制器的功能描述

和其他时序逻辑电路一样，控制器的功能可通过方程式或状态转换表来描述。根据图 1-4 所示的结构图，可求得控制器的方程表达式。

控制信号方程　　　　　　　　　$T=F(S, C, q_n)$

状态方程　　　　　　　　　　　$q_{n+1}=G(S, C, q_n)$

控制器的状态转换表如表 1-2 所示。

表 1-2　　　　　　　　　　　　　　　控制器的状态转换表

现态 q_n ＼ 条件信号 S（q_{n+1}/T）	S_1	...	S_i	...	S_n
q_1					
$\vdots$					
q_j			$G(S_i, C, q_j)/F(S_i, C, q_j)$		
$\vdots$					
q_m					

表 1-2 中的行表示现态 q_j，表中的列表示条件信号的取值 S_i。第 j 行，第 i 列的内容为控制器的次态和控制信号 T 的值。其中，$G(S_i, C, q_j)$ 表示控制器的次态，$F(S_i, C, q_j)$ 表示控制信号 T 的值。

　　根据数据处理器的明细表和控制器的状态转换表，可以描述系统的工作过程。

　　【例 1-2】 根据［例 1-1］求得的明细表，列出该系统控制器的状态转换表。

　　解　从表 1-1 中得知，数据处理器所执行的四种操作是在控制器产生的四个信号（T_0，T_1，T_2 和 T_3）控制下完成的。由控制信号方程得知，控制器发出的四个控制信号与存储器的状态 q_i，条件信号 S 和外部控制信号 ST（启动信号）有关。设存储器共有四个状态 q_0、q_1、q_2 和 q_3。根据状态转换表的结构和操作过程，求得状态转换表如表 1-3 所示。

表 1-3　　　　　　　　　　　　　　控制器状态转换表

q_{n+1}/T ＼ q_n	ST=0	ST=1	
	S=X	S=0	S=1
q_0	q_0/NOP（T_0）	q_1/NOP（T_0）	q_1/NOP（T_0）
q_1	—	q_2/CLR（T_1）	q_2/CLR（T_1）
q_2	—	q_2/ADD（T_2）	q_3/ADD（T_2）
q_3	—	—	q_0/OUT（T_3）

　　在 q_0 初始状态下，当启动信号 ST=0 时，控制器保持 q_0 不变；否则，控制器状态转换为 q_1，发出 T_1 信号，数据处理器将执行 CLR 操作，寄存器 A 和 N 被清零然后，控制器从 q_1 状态转换至 q_2 状态，发出 T_2 信号，数据处理器进行 ADD 操作，将输入的数据 X 与 A 求和，并记录累加次数。当 A+X＞10 时，控制器从 q_2 状态进入 q_3 状态，发出 T_3 信号，数据处理器进行 OUT 操作，输出运算结果和累加次数。

　　根据系统的明细表和状态转换表，可列出系统的整个计算过程。计算过程所需要的操作步骤取决于输入信号 X 的值。设输入信号 X 所输入的数据序列为 4、3、2、2，整个过程如图 1-5 所示。

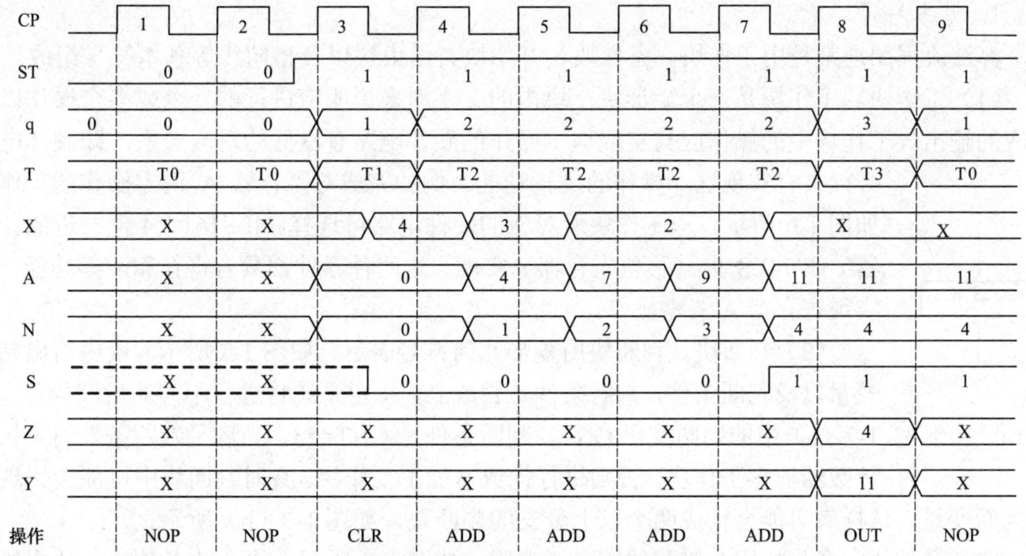

图 1-5　数据处理系统操作时序图

1.2   数字系统的硬件描述

任何一个数字系统都可以看成是一个时序逻辑电路。通常，它具有一定数量的输入、输出和内部状态变量，因而可以用传统的方法如状态转换表、状态转换图和逻辑方程来描述其功能。但在实际中所遇到的系统，往往输入、输出信号以及内部状态变量的数量很大，若仍采用传统的方法来描述，就会使相应的状态转换表的规模很大，出现系统功能很难表达和计算的情况。因此，对于复杂的数字系统，必须改变对系统的传统描述及其设计方法，通常采用能很方便地表达和描述系统设计要求和功能的硬件描述语言和图表，例如硬件描述语言、算法状态机（ASM 图）和备有记忆文件的状态图（MDS 图）等。通过这些语言和图表对系统内在规律的描述，来实现系统的逻辑设计，如图 1-5 所示。

1.2.1   系统框图

系统框图是系统设计阶段最常用、最重要的描述手段。它可以描述数字系统的总体结构，可作为数字系统设计的基础。框图不涉及过多的技术细节，因此具有直观易懂、系统结构层次化和清晰度高、易于方案比较以达到系统总体优化等优点。

框图中的每个框定义一个模块或子系统，并在框内，用文字、表达式、通用符号和图形来表示该模块或子系统的名称以及主要功能。框图之间采用带箭头的直线连接，表示各模块或子系统之间信息通道，其箭头指示信息的传递方向。

通常，系统的总体结构框图需要有一份完整的系统说明书，在说明书中不仅需要给出表示各模块或子系统的框图，同时还需要给出每个模块或子系统功能的详细描述。

1.2.2   算法流程图

算法流程图是描述数字系统功能最常用的方法之一。它是用规定的几何图形（如椭圆形、菱形和矩形）、指向线和简单文字说明，来描述数字系统的基本工作过程，其描述方法与计算机语言设计中的流程图十分相似。

1. 基本符号

算法流程图通常是由工作块、条件块、开始块、结束块以及指向线等基本符号组成。

（1）工作块。工作块是一个矩形块，块内的文字用来说明应进行的一个或多个操作以及相应的输出。工作块中的操作应与实现这一操作的硬件电路有良好的对应关系，即硬件电路必须具有实现这一操作的逻辑功能。例如完成对寄存器 A 清零操作的工作块如图 1-6 所示。与工作块所对应的硬件电路可选择 74LS161（4 位二进制计数器）或 74LS194（移位寄存器）实现。这两种器件都具有寄存和清零功能，能实现寄存器 A 清零操作。

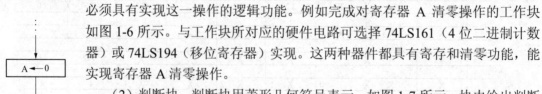

图 1-6   工作块

（2）判断块。判断块用菱形几何符号表示，如图 1-7 所示。块内给出判断变量以及判断条件，判断条件是否成立，决定系统将进行不同的后续操作。图 1-7（a）中的判断变量 CNT，判断条件是 CNT=23，当满足判断条件时，执行计数器清零工作块，否则执行计数器加 1 工作块。有时判断块中可能会出现多个判断变量，这样有可能会构成两个以上分支的判断块，如图 1-7（b）所示。

（3）条件块。条件块用带横杠的矩形块表示，如图 1-8 所示。块 3 为条件块，块内给出条件块的具体操作。条件块是判断块的一个分支，当该分支条件成立时，条件块的操作才能执行，而且是在条件满足时立即执行。

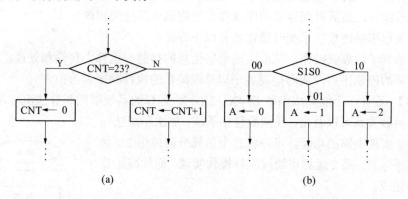

图 1-7 判断块

条件块与工作块的区别是：条件块的操作与特定的条件有关，故称为条件操作；而工作块的操作是一种无任何前提条件的独立操作，故称为无条件操作。图 1-8 中的块 1 和块 2 均为工作块，当算法执行到块 1 和块 2 时，执行操作 A 和操作 B。而块 3 为条件块，其操作相当于块 1 操作的延伸，当执行到块 1 且满足条件时，执行块 3 的操作。从时序上看，块 3 的操作 C 和块 1 的操作 A 有可能同时进行。当判断块的条件成立时，操作 C 与操作 A 将在同一时钟周期内进行操作。而块 2 的操作 B 只能在块 1 的操作完成后才能进行。

（4）开始块和结束块。开始块和结束块用椭圆形符号表示，用于标注算法流程图的开始和结束，如图 1-9 所示。当算法太长，一页写不完而另起一页时，可用开始块和结束块来标注流程图的续点和断点。

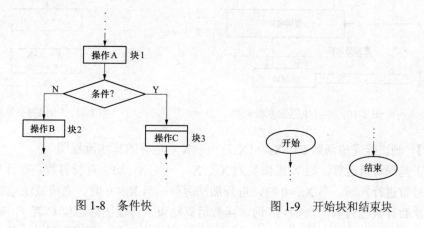

图 1-8 条件快   图 1-9 开始块和结束块

2. 算法流程图的建立

算法流程图不仅可以描述整个数字系统对信息处理的工作过程，而且还可以描述控制器所提供的控制步骤。因此，算法流程图的建立就是算法设计的过程。它是将系统所要实现的复杂运算或操作分解成一系列子运算或简单操作，并确定执行这些运算或操作的顺序和规律，为逻辑设计提供依据。

由于数字系统所完成的功能多种多样，其结构和规模各不相同，到目前为止还没有一种通用的方法和步骤。在建立算法流程图时，设计人员可以根据设要求，仔细分析系统功能，然后依据设计经验，将系统划分成若干个功能块，把复杂的系统功能分解成若干个能实现的子运算或简单操作，最后根据运算顺序或操作过程画出算法流程图。

用算法流程图描述数字系统时通常具有以下特征：

①含一系列子运算或操作，从而实现数字信息的存储、运算、传输和处理。

②有相应的控制序列，从而控制各子运算或操作的执行顺序和方向。

【例 1-3】 设计一个能完成函数 $F=4X_1+2X_2-X_3$ 运算的系统框图和算法流程图。

解 从函数关系可以看出，此函数包括乘法、加法和减法三种运算。为了实现电路的功能，可以将整个运算分解成乘 2、加法和减法等子运算。乘 2 运算可通过左移操作实现，而加减运算可由加法器完成。

通过上述分析，画出的系统框图如图 1-10 所示。寄存器 A 用来存放计算结果，并能实现左移操作。ST 为开始标志，用来启动系统运行，C 为输出标志。整个运算过程是在控制器的作用下，由数据处理器按顺序完成操作。

根据运算顺序，画出算法流程图，如图 1-11 所示。当 ST=1 时，系统被启动，首先对寄存器 A 清零然后按顺序进行加法、左移、加法、左移、减法操作；最后输出标志 C 置 1，输出结果 F 有效。

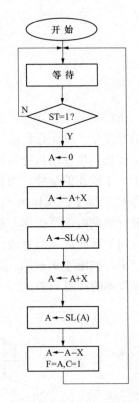

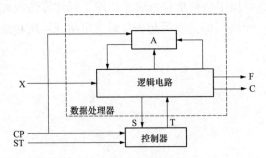

图 1-10   运算电路的系统框图   图 1-11   [例 1-3]算法流程图

【例 1-4】 画出能完成函数 $Z=|X_0|+|X_1|+\cdots+|X_{15}|$ 运算的算法流程图。

解 由于是绝对值运算，设 X 提供数列 X_0、X_1、$\cdots$、X_{15} 均为有符号数。在计算的过程中要对有符号数进行判断。当 $X_i \geqslant 0$ 时，进行加法运算；当 $X_i < 0$ 时，完成减法运算。

设运算次数计数器为 N，当 N=15 时，函数运算结束，将输出标志位 C 置 1，输出 Z 有效。系统结构由数据处理器和控制器两部分组成，数据处理器有一个寄存器 A，用来累计绝对值和存储计算结果。在控制器中，除了有一个控制信号 T 外，还应有一个来自数据处理器的条件信号 S 以及启动信号 ST。

根据运算顺序，得出算法流程图如图 1-12 所示。当 ST=1 时，系统被启动，首先对寄存器 A 和计数器 N 清零；然后判断输入 X 是正数还是负数，并进行相应的加、减法运算。

当 N=15 时，运算结束，输出标志 C 置 1，输出结果 Z 有效最后返回到等待状态，准备下一组数据的计算。

1.2.3 算法状态机（ASM）

算法状态机（Algorithmic State Machine，ASM）是一种控制算法的流程图，它采用类算法流程图的形式来描述数字系统在不同的时序所完成的一系列操作，并能反映控制条件与控制器状态的转换。这种描述方法与控制器的硬件实现有着良好的对应关系，因此，建立了ASM 图，可以直接导出相应的硬件电路。

ASM 图的描述方法类似于算法流程图，但不同于算法流程图。在算法流程图中，可描述系统的事件操作过程，但没有涉及时间关系。而在 ASM 图中，不仅可以描述事件的操作过程，而且还可以反映系统控制条件与控制器状态转换的顺序。因此，ASM 图严格地规定了操作与操作之间的时间关系。控制器处于一个状态，系统实现一个或几个对应的操作控制器转换到另一个状态，系统实现下一个操作，伴随着控制器的状态转换，系统将按照时序进行操作。

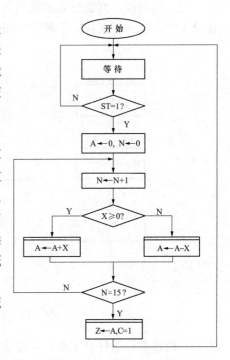

图 1-12 ［例 1-4］算法流程图

1. ASM 图的基本符号

ASM 图是硬件算法的符号表示法，它由一些特定符号，按照规定的连接方式组成。使用 ASM 图，可以很方便地描述系统的时序操作过程。

ASM 图有四个基本符号，即状态框、条件框、判断框和指示线。

（1）状态框。状态框用一个矩形框表示，它代表数字系统控制序列中的状态，即控制器的一个状态，如图 1-13（a）所示。状态框的左上角为该状态的名称，而右上角为该状态的二进制代码。框内标有在此状态下数据处理器所进行的操作以及完成这些操作控制器应产生的输出信息。该操作和输出应在此状态时钟结束时或结束前完成。图 1-13（b）所示的状态框，其状态名称为 T_2，状态代码为 010，而该状态下的操作为：①X 置入寄存器 A 中；②R 清零；③C 置 1；④产生输出信号 C_O。有时状态框内的操作可以省略。

一个由状态框组成的 ASM 图如图 1-14（a）所示。该 ASM 图状态名称分别为 T_0、T_1 和 T_2，状态代码为 000、001 和 010，所对应的操作分别是将输入 X 的值赋给寄存器 A、寄存器 B 清零、C 置 1，T_2 时输出 Z。

上述 ASM 图描述了系统的操作序列。在每一个有效时钟的作用下，ASM 图的状态由现态转换到次态。当给定某一现态时，在状态变量的作用下，其次态将被确定，相应的时序过程如图 1-14（b）所示。从时序图中可以看出，状态发生顺序

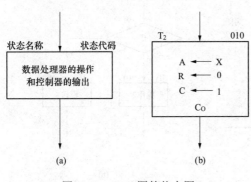

图 1-13 ASM 图的状态图

T_0、T_1、T_2，状态的改变是在时钟控制下实现的。因此，ASM 图所描述系统的操作过程蕴含着时间序列特性。

（2）判断框。判断框表示状态条件或外部控制输入对控制器工作的影响。当控制算法存在分支时，状态不仅决定于现态，而且还与现态时的外部控制输入有关。

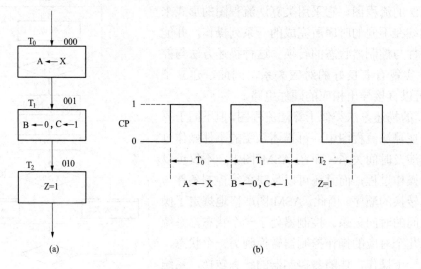

图 1-14　由状态框组成的 ASM 图和时序图

判断框也称条件分支框，其符号如图 1-15（a）所示。它有两个或多个引出分支，被检测的状态变量或外部控制输入写在菱形框内，可以是单变量、多变量或逻辑表达式。如果条件是真，选择一个分支；如果条件是假，选择另一个分支。含有条件分支的 ASM 图如图 1-15（b）所示。控制输入 C 作为判断条件，判断框属于状态框 T_0，它们对应于同一个状态，即在同一个状态内所完成的操作。该 ASM 图所完成的时序过程如图 1-15（c）所示。可以看出，在 T_0 状态下，由于控制输入 C 的取值不同，其次态可能进入 T_1 也可能是 T_2，而这一状态的转换是在状态 T_0 结束时完成的。

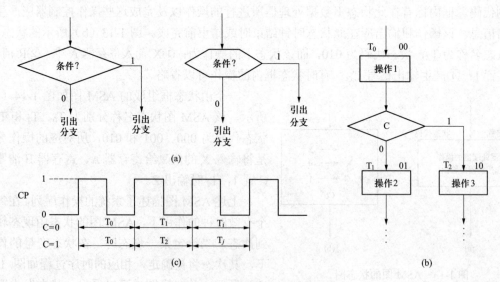

图 1-15　ASM 图的判断框和时序图

需要指出，在判断框中可以有多个引出分支。图 1-16 给出了三个分支的两种表示方法。

其中，图 1-16（a）为真值表图解表示法，两个控制输入变量均为同级别，相互间无支配关系；图 1-16（b）为按优先级分支表示法，控制输入变量 C_1 优先级别高于 C_2，设计者可根据需要确定控制输入变量的优先级。

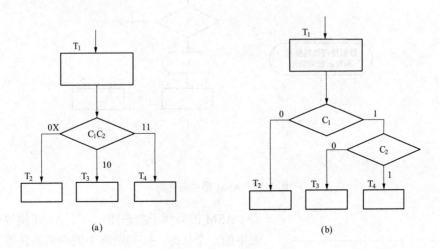

图 1-16　三分支判断框表示法

（3）条件框。在数字系统中，控制器有时需要根据控制算法发出输出命令，这些输出命令是在某一状态下进行的。但有些时候，某种状态下的输出命令只有在一定的条件下才能输出，我们把这种输出命令称为条件输出，可用条件框表示。

条件框也称条件输出框，用椭圆形框来表示，框内标出数据处理器的操作以及完成此操作控制器所产生的相应输出，如图 1-17（a）所示。条件框可以描述那些不仅与状态有关，而且还要满足一定输入条件才能发生的操作和输出。将要发生的操作和输出写在条件框内，条件框的入口应与判断框的某一分支相连接，也就是说，条件框内的操作和输出是在同时满足状态和判断框条件的情况下才会发生。

图 1-17（b）为具有条件框的 ASM 图。其中，T_0 状态框的输出 Z_1 为无条件输出，而条件框的输出 Z_2 为条件输出。当系统处于 T_0 状态时，无条件地输出 Z_1 信号；只有在 T_0 状态下且满足 $X=0$ 的条件时，才有条件地输出 Z_2，其次态为 T_1，条件框和判断框均属于状态 T_0。以上的叙述中可以看出，一个状态具有一个状态框，有时还包括若干个判断框和条件框，而判断框除了决定次态外，还决定条件输出。

2. ASM 块

一个 ASM 图可以分成若干个图块。如果一个图块是由一个状态框和几个与它相连接的判断框和条件框组成，这样的图块称为 ASM 块。若仅含有一个状态框，而无任何判断框和条件框的 ASM 块称为简单的 ASM 块。通常，一个 ASM 块有一个入口和几个由判断框的条件分支构成的出口。如图 1-18 所示的 ASM 块（虚框中的图块），是由状态框 T_3 和与 T_3 相连接的两个判断框和一个条件框组成。

在 ASM 图中，每一个 ASM 块表示一个时钟周期内的系统状态，它描述了系统在一个时钟周期内所进行的操作。在图 1-18 中，状态框和条件框所进行的操作是在同一个时钟脉冲下进行的，同时系统控制在此脉冲的作用下，由现态转换到次态。

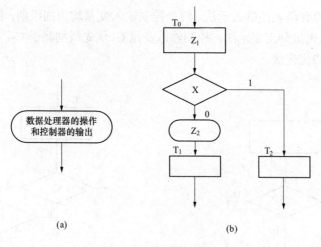

(a)　　　　　　　　(b)

图 1-17　ASM 图的条件框

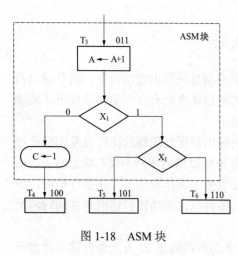

图 1-18　ASM 块

ASM 图类似于状态图，一个 ASM 块等效于状态图中的一个状态，而判断框中的判断条件等效于状态图定向线旁的信息。根据它们的等效关系，可以将 ASM 图转换成状态图，图 1-18 所示的 ASM 块所对应的状态图如图 1-19 所示。其中，圆圈内的信息表示 ASM 块的状态，而定向线标记的信息为状态转换的条件，但是在状态图中，无法表示条件操作和无条件操作，这正是状态图与 ASM 图的差别。因此，状态图仅描述一个控制器的状态转换过程，而 ASM 图不仅描述了控制器的状态，而且也描述了数据处理器在控制器状态转换过程中所进行的操作。从这个意义上理解，ASM 图定义了整个数字系统，条件和无条件操作定义了数据处理器的结构。

3. ASM 图的时序关系

ASM 图是由若干个 ASM 块组成，每一个 ASM 块中的所有逻辑框属于同一系统状态，即 ASM 块中的各种操作和状态的转换都发生在同一时钟脉冲的有效沿。因此，ASM 图的时序关系与一般流程图不同。

为了进一步理解 ASM 图的时序关系，我们以图 1-20 所示的 ASM 图为例，介绍一下各种操作之间的时间序列。设整个系统为同步工作，系统的主时钟脉冲不仅作用在数据处理器的寄存器中，而且也施加在控制器的计数器上，同时系统的控制输入和输出信号也与系统时钟同步。这样，整个系统的状态变化和寄存器的操作都发生在时钟脉冲的有效沿。从 ASM 图可以看出，该系统的数据处理器有两个作为标志位的触发器 C 和 E 以及一个 4 位累加器 A。信号 ST 为系统的启动信号（即系统的外部控制输入信号）。整个系统的操作序列与累加器 A 的内

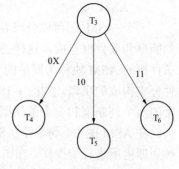

图 1-19　ASM 块等效的状态图

容有关。

当累加器的 A_3 位为 0 时，标志位 C 清零，累加器 A 继续计数。

当累加器的 A_3 位为 1 时，标志位 C 置 1，并检测 A_4 位。若 $A_4=0$，A 继续计数；若 $A_4=1$，标志位 E 置 1，系统停止工作。其操作过程如下：

开始时，系统处于初始状态 T_0，等待启动信号 ST 的到来。当发出启动命令 ST=1 时，累加器 A 和标志位 E 清零，控制器由初始状态 T_0 转换到状态 T_1，累加器 A 和标志位 E 的清零操作是以 ST=1 为条件。所以初始状态 T_0 对应的 ASM 块中应含有判断框和条件框。值得注意的是，状态从 T_0 变到 T_1，累加器 A 和标志位 C 的清零操作发生在同一时间。在状态 T_1 所对应的 ASM 块中，有两个判断框和三个条件框。随着下一个时钟脉冲的到来，A 进行加 1 操作。同时，三个条件框中的操作，将按照满足判断框的条件而发生。

$A_3=0$ 时，进行 C 清零操作，控制器保持状态 T_1 不变；

$A_3 A_4=10$ 时，进行 C 置 1 操作，控制器保持状态 T_1 不变；

$A_3 A_4=11$ 时，进行 C 和 E 置 1 操作，控制器返回到状态 T_0。

由此可见，在每一个 ASM 块中，包含在状态框和条件框的操作都发生在同一个时钟脉冲期间，即在同一个时间内进行。这些操作可以通过数据处理器完成，而状态的变化是在控制器中实现。

为进一步了解操作过程中的时序，现将时钟脉冲发生的操作序列进行列表，如表 1-4 所示，相对应的时序图如图 1-21 所示。

从时序图中可以看出，开始时系统处于 T_0 状态，等待启动信号 ST。此时，累加器 A=1101，C=E=1（即上二次计算结束时的状态）。当 ST=1 时，系统对累加器 A 和标志位 E 清零（但 C 值不变，仍为 1），并由 T_0 状态进入 T_1 状态。在 T_1 状态，累加器 A 进行计数。值得注意的是 A_3 变成 1 和 C 被置 1 的时间。A_3 变成 1 和 C 被置 1 不是同时进行的，相差一个时钟周期，即当累加器 A 的内容由 0100 变为 0101 时，C 被置 1，比 A_3 变成 1 晚一个时钟周期。类似，C 清零不是发生在累加器 A 从 0111 变到 1000 的瞬间，而是发生在由 1000 变到 1001 的瞬间。

当累加器的内容变成 1100 时，$A_3=A_4=1$，再来一个时钟脉冲，累加器 A 的内容由 1100 变到 1101 时，C 和 E 置 1，系统返回到 T_0 状态。若启动信号 ST=0，系统将在 T_0 状态下，等待再次启动。

从时序图可以看出，在 ASM 图中的每一个 ASM 块所规定的操作，都是在同一个时钟脉冲期间内完成的。如累加器 A 的加 1 操作和检测 A_3 的值是同时发生的，并无先后次序，所以被检测的 A_3 值是 A 加 1 之前的 A_3 值。这一点与逻辑流程图有所不同。在流程图中，应是累加器先加 1，然后再检测 A_3 值，被检测的 A_3 值是 A 加

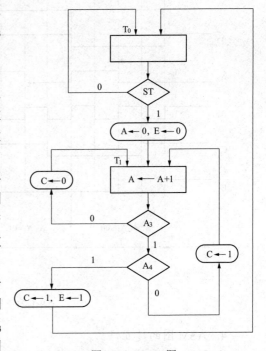

图 1-20　ASM 图

1 后的 A_3 新值，其操作是按顺序一个接一个地进行。

表 1-4　　　　　　　　　　　　　　图 1-20 的操作时序表

A_4	A_3	A_2	A_1	C	E	条　件	状　态
0	0	0	0	1	0		
0	0	0	1	0	0	$A_3 = 0$	
0	0	1	0	0	0	$A_4 = 0$	T_1
0	0	1	1	0	0		
0	1	0	0	0	0		
0	1	0	1	1	0	$A_3 = 1$	
0	1	1	0	0	0	$A_4 = 0$	T_1
0	1	1	1	1	0		
1	0	0	0	1	0		
1	0	0	1	0	0	$A_3 = 0$	
1	0	1	0	0	0	$A_4 = 1$	T_1
1	0	1	1	0	0		
1	1	0	0	0	0	$A_3 = A_4 = 1$	T_1
1	1	0	1	1	1	$A_3 = A_4 = 1$	T_0

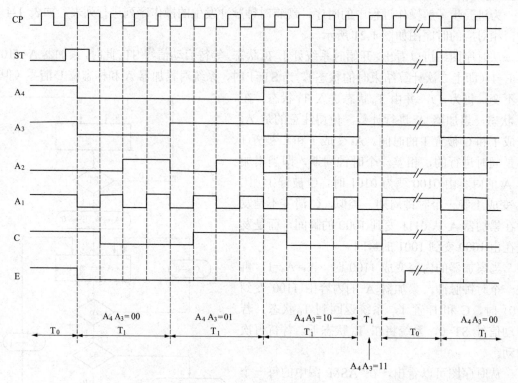

图 1-21　图 1-20 的时序图

4. ASM 图的建立

在建立 ASM 图之前，可根据系统的操作过程画出系统的算法流程图。然后再根据流程图中判断和操作的先后次序，建立 ASM 图。通常，在建立 ASM 图的过程中，要遵循以下原则：

（1）在算法的起始点加入一个初始状态。

（2）流程图中的工作块对应 ASM 图的状态框。对于不能同时完成的操作，在 ASM 图中必须用状态分开。例如 A←0 和 A←A+1 两个操作，寄存器不能同时完成清零和加 1 操作。因此，在 ASM 图中，这两种操作需分两步进行，可通过增加状态，将两个操作分开进行。

（3）流程图中的判断块对应 ASM 图的判断框。若判断条件受前次寄存器操作结果的影响，则在 ASM 图中寄存器操作与判断框之间增加一个状态框。例如，在图 1-22 所示的算法流程图中，A_4←A+1 和判断 A 的操作顺序是寄存器先加 1，然后再对 A 是否等于 n 进行判断。因此，在建立 ASM 图时，应在寄存器 A 加 1 操作框和判断框之间加入一个状态框，如图 1-23 所示。否则，判断 A 的结果将是 A 加 1 之前的值。

【例 1-5】　一个 8 位串行数据接收器，能接 RS-232C 标准的串行数据，并能输出所接收的数据。要求接收器设有奇偶检测信号，能指示接收的数据是否存在奇偶误差。试建立接收器的 ASM 图。

解　首先对接收器进行分析，然后画出算法流程图，最后根据流程图建立 ASM 图。

（1）系统分析。接收器的启动信号为 ST，高电平有效；输出信号为 Z、C 和 p。其中，Z 为数据输出，C 为输出标志，当 C=1 时，输出 Z 有效，否则无效；P 为奇偶检测标志，P=0 表示未检测到奇偶误差，否则存在奇偶误差。

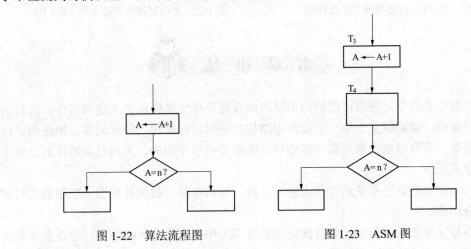

图 1-22　算法流程图　　　　　　　图 1-23　ASM 图

接收器的数据处理器应包含有接收 8 位数据的寄存器 R、奇偶标志触发器 P、输出标志触发器 C 和统计接收数据位数的计数器 CNT。

（2）根据接收器的操作过程，画出算法流程图。当接收到启动信号时，数据开始传输。首先将寄存器 CNT、P 和 C 清零；然后开始记录接收的数据，每当串行接收 1 位数据，计数器 CNT 加 1。接收到 8 位数据后，输出标志 C 置 1。若存在奇偶误差，奇偶标志 P 置 1。

数据接收器的算法流程图如图 1-24 所示。

（3）建立 ASM 图。根据算法流程图，按照转换原则，可将流程转换成 ASM 图。8 位串行数据接收器的 ASM 图如图 1-25 所示。

在 ASM 图中，S_1、S_2 和 S_3 分别与算法流程图中的"ST=1？""CNT=8？"和"误差？"判断条件相对应。T_0 状态框是在算法的起始点加入的初始状态。

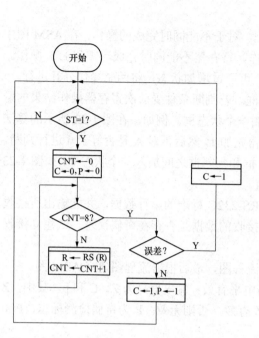

图 1-24　位串行数据接收器算法流程图

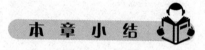

图 1-25　8 位串行数据接收器 ASM 图

本 章 小 结

（1）在数字系统中，通常将逻辑门电路和触发器等单元电路称之为逻辑器件，而将由这些逻辑器件组成，能完成某个单一功能的电路称为逻辑功能部件，如译码器、加法器、计数器和寄存器等。含有控制器和逻辑功能部件，能够按照顺序完成一系列复杂操作的逻辑电路称之为数字系统。

（2）一个完整的数字系统通常是由输入电路、输出电路、数据处理器、控制器和时钟电路五个部分组成。

（3）在数字系统中，用于控制数据处理器协调工作的电路称为控制器。它是数字系统执行系统算法的核心，控制数据处理器的操作和操作序列。

（4）对于复杂的数字系统，必须改变对系统的传统描述及其设计方法，通常采用能很方便地表达和描述系统设计要求和功能的硬件描述语言和图表，例如硬件描述语言、算法状态机（ASM 图）和备有记忆文件的状态图（MDS 图）等。

1-1　试述数字系统的组成。

1-2　设计一个能完成函数 $F=2X_1+5X_2-10X_3$ 运算的系统框图和算法流程图。

第2章 数字系统设计基础

数字系统的设计与器件密切相关，一般按照所用器件的不同，可以分为两大部分，其一为传统设计方法，其二是现代的设计方法。

所谓传统的数字系统设计一般是指采用搭积木式的方法，由器件搭成电路板，由电路板搭成电子系统。系统常用的"积木块"是固定功能的标准集成电路，如运算放大器、74/54系列（TTL）、4000系列（CMOS）芯片和一些固定功能的大规模集成电路。设计者根据需要选择合适的器件，由器件组成电路板，最后完成系统设计。传统的电子系统设计只能对电路板进行设计，通过设计电路板来实现系统功能。所谓现代的电子系统设计是指采用微控制器可编程逻辑器件通过对器件内部的设计来实现系统功能，这是一种基于芯片的设计方法。

20世纪90年代以后，EDA（电子设计自动化）技术的发展和普及给数字系统的设计带来了革命性的变化。在器件方面，微控制器、可编程逻辑器件等飞速发展，利用EDA工具，采用微控制器、可编程逻辑器件，正在成为电子系统设计的主流。

本章主要介绍数字系统设计的基本方法，并通过举例，讲述引导性内容以便读者获得数字系统设计的基础知识和设计技巧。

2.1 数字系统的设计方法

1. 自底向上设计方法

传统的系统设计采用自底向上的设计方法（见图2-1）。这种设计方法采用"分而治之"的思想，它的基本策略是将一个复杂系统按功能分解成可以独立设计的子系统，子系统设计完成后，将各子系统拼接在一起完成整个系统的设计。一个复杂的系统分解成子系统进行设计可大大降低设计复杂度。由于各子系统可以单独设计，因此具有局部性，即各子系统的设计与修改只影响子系统本身，而不会影响其他子系统。

利用层次性，将一个系统划分成若干子系统，然后子系统可以再分解成更小的子系统，重复这一过程，直至子系统的复杂性达到在细节上可以理解的程度。

模块化是实现层次式设计方法的重要技术途径，模块化是将一个系统划分成一系列的子模块，对这些子模块的功能和物理界面明确地加以定义，模块化可以帮助设计人员阐明或明确解决问题的方法，还可以在模块建立时检查其属性的正确性，因而使系统设计更加简单明了。将一个系统的设计划分成一系列已定义的模块还有助于进行集体间共同设计，使设计工作能够并行开展，缩短设计时间。

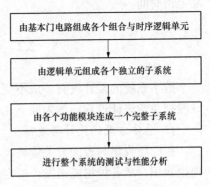

图2-1 自底向上的设计方法

2. 自顶向下设计方法

在 VLSI 系统的设计中主要采用的方法是自顶向下设计方法，这种设计方法主要采用综合技术和硬件描述语言，让设计人员用正向的思维方式重点考虑求解的目标问题。采用概念和规则驱动的设计思想，从高层次的系统级入手，从最抽象的行为描述开始，把设计的主要精力放在系统的构成、功能、验证直至底层的设计上，从而实现设计、测试、工艺的一体化。这种基于芯片的设计方法，设计者可以根据需要定义器件的内部逻辑和管脚，将电路板设计的大部分工作放在芯片的设计中进行，通过对芯片设计实现电子系统的功能。灵活的内部功能块组合、管脚定义等，可大大减轻电路设计和电路板设计的工作量和难度，有效地增强设计的灵活性，提高工作效率。同时采用微控制器、可编程逻辑器件，设计人员在实验室可反复编程，修改错误，以期尽快开发产品，迅速占领市场。基于芯片的设计可以减少芯片的数量，缩小系统体积，降低能源消耗，提高系统的性能和可靠性。

3. 嵌入式设计方法

现代电子系统的规模越来越复杂，而产品的上市时间却要求越来越短，即使采用自顶向下设计方法和更好的计算机辅助设计技术，对于一个百万门级规模的应用电子系统。完全从零开始自主设计是难以满足上市时间要求的。嵌入式设计方法在这种背景下应运而生。嵌入式设计方法除继续采用自顶向下设计方法和计算机综合技术外，它最主要的特点是大量知识产权模块的复用，这种 IP 模块可以是 RAM、CPU 及数字信号处理器等。在系统设计中引入 IP 模块，使得设计者可以只设计实现系统其他功能的部分以及与 IP 模块的互联部分，从而简化设计，缩短设计时间。

一个复杂的系统通常既有硬件，又有软件，因此需要考虑哪些功能用硬件实现，哪些功能用软件实现，这就是硬件/软件协同设计的问题。硬件/软件协同设计要求硬件和软件同时进行设计，并在设计的各个阶段进行模拟验证，减少设计的反复，缩短设计时间。硬件/软件协同是将一个嵌入式系统描述划分为硬件和软件模块以满足系统的功耗、面积和速度等约束的过程。嵌入式系统的规模和复杂度逐渐增长，其发展的另一趋势是系统中软件实现功能的增加，并用软件区分不同的产品，增加灵活性，快速响应标准的改变，降低升级费用和缩短产品上市时间。

2.2 数字系统设计的设计步骤

数字系统的设计没有一成不变的步骤，它往往与设计者的经验、兴趣、爱好密切相关，一般把总的设计过程归纳为如下几个环节，按照从宏观到微观，从大到小的流程进行。

1. 总体方案的设计与选择

在广泛收集与查阅有关资料、了解现状的基础上，广开思路开动脑筋，利用已有的各种理论知识，从各种可能出发，拟定出尽可能多的方案，以便做出更合理的选择。

针对所拟的方案进行分析和比较。比较方案的标准有三个，一是技术指标的比较，看哪种方案完成的技术指标最完善。二是电路简易的比较，看哪种方案在完成技术指标的条件下，最简单、最容易实现。三是经济指标的比较，在完成上述指标的情况下，选择价格低廉的方案，经过比较后确定一个最佳方案。对确定的方案再进行细化和完善，形成最终方案。

2. 单元电路的设计与选择

按已确定的总体方案框图，对各功能框分别设计或选择出满足其要求的单元电路。明确功能框对单元电路的技术要求，必要时应详细拟定出单元电路的性能指标，然后进行单元电路结构形式的选择或设计。

对每一个功能框图进行设计和计算。主要包括：

（1）选择电路的结构和型式；

（2）组成电路的中心元件的选择；

（3）电路元件的计算和选择；

（4）核算所设计的电路是否满足要求；

（5）画出单元电路的原理电路图。

3. 元器件的选择和参数计算

选择元器件时，首先注重功能上满足需求，其次，不可忽视的是性能参数也要满足要求。数字电路的电气参数指标较少，一般只有最高工作频率、传输延迟、工作电压及驱动电流等几项指标，而这些指标往往取决于所选择的器件。因此设计数字电路，为了满足电气特性的要求，就是要选择合适的器件。

制作小型数字系统可以使用分立元件（74 系列、4000 系列等）、可编程逻辑器件（CPLD、FPGA 等）和半定制的 ASIC 等多种类型的器件，选择时要根据器件性能、自身对元器件的熟悉程度、开发时间和成本等因素来考虑并决定。

有些时候，选择元件需要进行参数的计算。在计算时，结果往往是一段范围，这时可根据可靠性、经济性等指标，选择最佳的器件来实现。

计算参数时，应把握几个原则。

（1）冗余原则：不要让元件长时间工作在极限状态下，应留有余地。一般选择极限参数在额定值 1.5～2 倍的元件。

（2）最坏情况原则：对于工作条件，应按照最坏情况去设计电路和计算参数，这样才能保证系统的稳定和可靠。

（3）最简原则：优化设计，在元件的使用上，尽量使得元件的种类最少，数量最少，但不能以牺牲系统的整体性能作为代价来精简。

另外，在电阻和电容的选择上，应选择计算值附近的标称值元件。例如，计算出来电阻为 5kΩ，则可选最常见的 4.7kΩ 电阻或 5.1kΩ 电阻。

4. 总体设计

各单元电路确定以后，还要认真仔细地考虑他们之间的级联问题，如电气特性的相互匹配、信号耦合方式、时序配合，以及相互干扰等问题，画出完整的电气原理图，列出所需的元件明细表，采用计算机仿真等手段对所需设计的电路进行设计和调试。

5. 安装和调试

由于电子元器件品种繁多且性能分散，电子电路设计与计算中又采用工程估算，再加之设计中要考虑的因素相当多，所以，设计出的电路难免会存在这样或那样的问题，甚至出错。实践是检验设计正确与否的唯一标准，任何一个电子电路都必须通过试验检验，未能经过试验的电子电路不能算是成功的电子电路。通过试验可以发现问题，分析问题，找出解决问题的措施，从而修改和完善电子电路设计。只有通过试验，证明电路性能全部达到设计的要求

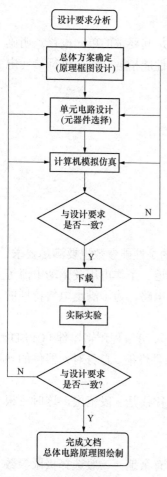

图 2-2　电子系统的设计流程图

后，才能画出正式的总体电路图。

在安装之前，需要对各个元器件的质量进行测试和检验，以减少调试中的问题。在安装过程中，尽量注意安装的技术规范并避免损坏元件。调试包括单元电路的性能调试和整个电路的技术指标测试。在调试过程中，要善于发现问题，并找出解决办法，从中摸索出调试的一般方法和规律，总结出有用的实践经验。

经过总体电路试验后，可知总体电路的组成是否合理及各单元电路是否合适，各单元电路之间的连接是否正确，元器件参数是否需要调整，是否存在故障隐患，以及解决问题的措施，从而为修改和完善总体电路提供可靠的依据。

电子系统的设计流程如图 2-2 所示。

6．总结报告

设计总结报告，包括对设计中产生的各种图表和资料进行汇总，以及对设计过程的全面系统总结，把实践经验上升到理论的高度。总结报告中，通常应有以下内容：

（1）设计任务和技术指标；

（2）对各种设计方案的论证和电路工作原理的介绍；

（3）各单元电路的设计和文件参数的计算；

（4）电路原理图和接线图，并列出元件明细表；

（5）实际电路的性能指标测试结果，画出必要的表格和曲线；

（6）安装和调试过程中出现的各种问题，及其分析和解决办法；

（7）说明本设计的特点和存在的问题，提出改进设计的意见；

（8）本次设计的收获和体会。

2.3　数字系统设计实例

2.3.1　设计一个交通灯信号控制器

要求：设计一个主干道和支道交叉路口的交通灯信号控制器。路口的示意图如图 2-3 所示。当支道有一辆或多辆车时，可通过传感器输出信号"1"，而支道无车时，传感器输出信号"0"。

控制器可有四种工作方式，可由控制开关自由调换四种工作方式。

（1）方式一：长时间主干道绿灯亮，支道红灯亮。

（2）方式二：长时间支道绿灯亮，主干道红灯亮。

（3）方式三：当支道无车，传感器输出信号为"0"，使支道红灯亮，主干道绿灯亮；若支道有车，传感器输出信号为"1"，使主干道绿灯先转换成黄灯再变成红灯，支道由红灯变成绿灯。若支道连续有车，则传感器输出持续为"1"，使支道继续保持绿灯亮，但支道绿灯连续亮的时间不能超过16s；若超过16s，则支道绿灯先转换成黄灯再变成红灯，同时主干道由红灯变成绿灯。在主干道绿灯持续时间未到16s时，即使支道有传感器输出信号"1"，也不能终止主干道的绿灯亮。总之，主干道绿灯亮的持续时间要超过 16s，支道绿灯亮的持续时间不能超过16s。

（4）方式四：支道传感器不起作用，主干道和支道两者交替通行。主干道通行 16s，支道通行 16s。

同时要求每次绿灯变红灯时，黄灯先亮 4s。系统要设有总复位，可在任意时间内复位。

对上述设计要求，设计过程如下。

1. 系统初始结构

为了实现系统设计要求，系统应有以下几个部分：

（1）控制开关输入：为实现四种工作方式，设有两个输入端 S_1、S_0。

（2）传感器：用来检测支道是否有车辆通过交叉路口。当检测到有车辆要通过时，应向控制器发出信号 C_R，高电平有效。

（3）时钟定时电路：系统要求有一个秒时钟信号，以供定时电路和系统的同步控制。定时电路在控制器发出控制信号的作用下，完成定时和清零操作，并向控制器提供 1s、4s 和 16s 的定时信号，它们分别为 CP、CLK_4 和 CLK_{16}。

（4）控制电路：根据传感器和时钟定时电路提供的信号以及输入信号，控制电路应能判断、调整和控制整个系统的状态，并为输出电路提供控制信号，以及控制定时电路工作。

（5）输出电路：根据控制器发出的控制信号，驱动交通信号灯。系统框图见图 2-4 所示。

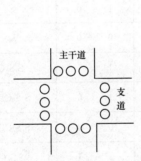

图 2-3　交叉路口交通灯示意图

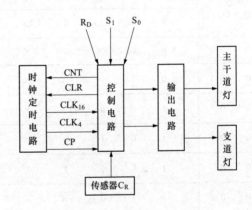

图 2-4　交通信号灯系统框图

2. 时钟定时电路的实现

时钟电路：产生秒脉冲信号，可采用石英晶体振荡器、RC 环形振荡器和 555 定时器构成的振荡器，通过分频获得。现以 555 定时器产生秒脉冲信号，电路如图 2-5 所示。

定时电路：应具有计数、保持和清零功能，并能提供 4s 和 16s 信号。可以选用 74LS161 构成，其控制表达式为

$$\overline{LD}=1;\quad \overline{CR}=\overline{CLR}\cdot\overline{R_D};\quad CT_T=CT_P=CNT$$

定时器的逻辑图如图 2-6 所示。$CLK_{16}=CO$ 为 16s 信号，$CLK_4=Q_AQ_B$ 为 4s 信号。$\overline{R_D}$ 为总复位输入。

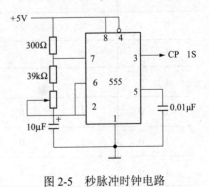

图 2-5　秒脉冲时钟电路

3. 控制器的硬件实现

系统共有四种状态，可将其编码为：00、01、10、11。故选用多路选择器实现控制器，可以用两个 D 触发器和两个四选一多路数据选择器构成。控制器的状态转换表，如

表 2-1 所示。

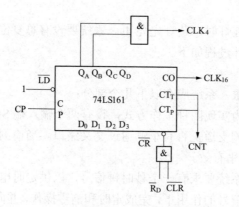

图 2-6　定时器的逻辑图

表 2-1　　　　　　　　　　　　交通信号灯控制器状态转换表

现态 $Q_1\ Q_0$	输入					次态 $Q_1^{n+1}\ Q_0^{n+1}$		输出 $\overline{CLR}$　CNT		转换条件
	S_1	S_0	CLK_{16}	C_R	CLK_4					
0　0	0	0	×	×	×	0　0		1	0	$\overline{S_1}\ \ \overline{S_0}$
0　0	0	1	×	×	×	0　1		0	0	$\overline{S_1}\ \ S_0$
0　0	1	0	0	×	×	0　0		1	1	$S_1\overline{S_0}\,\overline{CLK_{16}}$
0　0	1	0	1	0	×	0　0		1	0	$S_1\overline{S_0}CLK_{16}\overline{C_R}$
0　0	1	0	1	1	×	0　1		0	0	$S_1\overline{S_0}CLK_{16}C_R$
0　0	1	1	0	×	×	0　0		1	1	$S_1S_0\,\overline{CLK_{16}}$
0　0	1	1	1	×	×	0　1		0	0	$S_1S_0CLK_{16}$
0　1	×	×	×	×	0	0　1		1	1	$\overline{CLK_4}$
0　1	×	×	×	×	1	1　0		0	0	CLK_4
1　0	0	0	×	×	×	1　1		0	0	$\overline{S_1}\ \ \overline{S_0}$
1　0	0	1	×	×	×	1　0		1	0	$\overline{S_1}\ \ S_0$
1　0	1	0	0	0	×	1　1		0	0	$S_1\overline{S_0}\,\overline{CLK_{16}}\,\overline{C_R}$
1　0	1	0	0	1	×	1　0		1	1	$S_1\overline{S_0}\,\overline{CLK_{16}}C_R$
1　0	1	0	1	×	×	1　1		0	0	$S_1\overline{S_0}CLK_{16}$
1　0	1	1	0	×	×	1　0		1	1	$S_1S_0\,\overline{CLK_{16}}$
1　0	1	1	1	×	×	1　1		0	0	$S_1S_0CLK_{16}$

续表

现态 Q_1 Q_0		输入					次态 Q_1^{n+1} Q_0^{n+1}		输出 $\overline{CLR}$ CNT		转换条件
		S_1	S_0	CLK_{16}	C_R	CLK_4					
1	1	$\times$	$\times$	$\times$	$\times$	0	1	1	1	1	$\overline{CLK_4}$
1	1	$\times$	$\times$	$\times$	$\times$	1	0	0	0	0	CLK_4

由该表得系统的状态方程和输出方程:

状态方程: $Q_1^{n+1} = CLK_4 \overline{Q_1^n} Q_0^n + Q_1^n \overline{Q_0^n} + \overline{CLK_4} Q_1^n Q_0^n$

$Q_0^{n+1} = (\overline{S_1}S_0 + S_0 CLK_{16} + S_1 CLK_{16} C_R) \overline{Q_1^n} \overline{Q_0^n} + \overline{CLK_4} \overline{Q_1^n} Q_0^n +$

$(\overline{S_1}\overline{S_0} + \overline{S_0}\overline{C_R} + S_1 CLK_{16}) Q_1^n \overline{Q_0^n} + \overline{CLK_4} Q_1^n Q_0^n$

输出方程: $\overline{CLR} = (\overline{S_1}\overline{S_0} + \overline{S_0}\overline{C_R} + S_1 \overline{CLK_{16}}) \overline{Q_1^n} \overline{Q_0^n} + \overline{CLK_4} \overline{Q_1^n} Q_0^n +$

$(\overline{S_1}S_0 + S_0 \overline{CLK_{16}} + S_1 CLK_{16} C_R) Q_1^n \overline{Q_0^n} + \overline{CLK_4} Q_1^n Q_0^n$

$CNT = S_1 \overline{CLK_{16}} \overline{Q_1^n} \overline{Q_0^n} + \overline{CLK_4} \overline{Q_1^n} Q_0^n + (S_1 \overline{CLK_{16}} C_R +$

$S_1 S_0 \overline{CLK_{16}}) Q_1^n \overline{Q_0^n} + \overline{CLK_4} Q_1^n Q_0^n$

根据系统方程,选用两片双四选一多路数据选择器。1 号片实现状态方程,2 号片实现输出方程。

由系统方程或状态转换表,可导出各多路数据选择器的输入方程:

1 号片数据输入端: $D_{20} = 0$

$D_{21} = CLK_4$

$D_{22} = 1$

$D_{23} = \overline{CLK_4}$

$D_{10} = \overline{S_1}S_0 + S_0 CLK_{16} + S_1 CLK_{16} C_R$

$D_{11} = \overline{CLK_4}$

$D_{12} = \overline{S_1}\overline{S_0} + \overline{S_0}\overline{C_R} + S_1 CLK_{16}$

$D_{13} = \overline{CLK_4}$

使能端: $\overline{G_1} = \overline{G_2} = 0$

选择控制端: $A_1 = Q_1$

$A_0 = Q_0$

2 号片数据输入端: $D_{20} = \overline{S_1}\overline{S_0} + \overline{S_0}\overline{C_R} + S_1 \overline{CLK_{16}}$

$D_{21} = \overline{CLK_4}$

$D_{22} = \overline{S_1}S_0 + S_0 \overline{CLK_{16}} + S_1 \overline{CLK_{16}} C_R$

$D_{23} = \overline{CLK_4}$

$D_{10} = S_1 \overline{CLK_{16}}$

$D_{11} = \overline{CLK_4}$

$$D_{12} = S_1 \overline{CLK}_{16} C_R + S_1 S_0 \overline{CLK}_{16}$$

$$D_{13} = \overline{CLK}_4$$

使能端：$\overline{G}_1 = \overline{G}_2 = 0$

选择控制端：$A_1 = Q_1$

$A_0 = Q_0$

D 触发器的驱动方程：$D_1 = Y_2$；$D_0 = Y_1$；$\overline{R}_{d1} = \overline{R}_{d0} = \overline{R}_D$。

根据上述方程，可画出由多路数据选择器和 D 触发器组成的控制器，其逻辑图如图 2-7 所示。

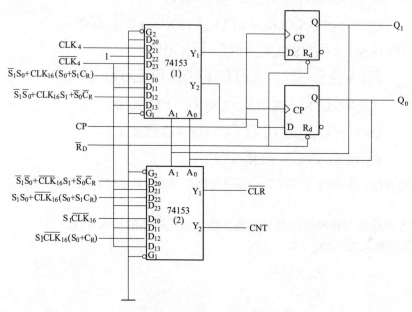

图 2-7 控制器逻辑图

4. 输出电路的实现

根据系统的功能，可以列出控制器的状态与信号之间的关系表，见表 2-2。因此，信号灯与状态变量的关系为：

$R = Q_1 \overline{R}_D$；$Y = \overline{Q}_1 Q_0 \overline{R}_D$；$G = \overline{Q}_1 \overline{Q}_0 \overline{R}_D$；

$r = \overline{Q}_1 \overline{R}_D$；$y = Q_1 Q_0 \overline{R}_D$；$g = Q_1 \overline{Q}_0 \overline{R}_D$。

由关系式实现输出的电路如图 2-8 所示。

表 2-2　　　　　　　　　　状态与信号灯之间的关系表

状态 Q_1	Q_0	复位 $\overline{R}_D$	主干道灯光			支道灯光		
			R	Y	G	r	y	g
0	0	0	0	0	0	0	0	0
0	0	1	0	0	1	1	0	0
0	1	0	0	0	0	0	0	0
0	1	1	0	1	0	1	0	0
1	0	0	0	0	0	0	0	0
1	0	1	1	0	0	0	0	1
1	1	0	0	0	0	0	0	0
1	1	1	1	0	0	0	1	0

2.3.2 8 位彩灯控制器的设计

彩灯广泛地应用在晚会现场、节日聚餐和生日派对中，使人们的业余生活丰富多彩。通过数字电子技术的学习，大家很容易设计出简单的彩灯控制器，如果非常复杂的彩灯，需要使用单片机、DSP、ARM 等来实现。

1. 设计要求

（1）设计一个能实现 8 路彩灯循环显示的彩灯控制器，花型如表 2-3 所示，1 表示灯亮，0 表示灯灭；

（2）节拍变化的时间为 0.5s 和 1s，两种节拍交替运行；

（3）三种花型要求自动循环显示。

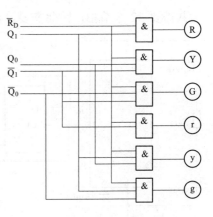

图 2-8　输出电路逻辑图

表 2-3 　　　　　　　　　　　　　　　花 型 状 态 编 码

节拍顺序	编码输出 $Q_0 Q_1 Q_2 Q_3 Q_4 Q_5 Q_6 Q_7$		
	花型 1	花型 2	花型 3
0	10000000	00010001	00011000
1	11000000	00110011	00111100
2	11100000	01110111	01111110
3	11110000	11111111	11111111
4	11111000	11101110	11100111
5	11111100	11001100	11000011
6	11111110	10001000	10000001
7	11111111	00000000	00000000
8	01111111		
9	00111111		
10	00011111		
11	00001111		
12	00000111		
13	00000011		
14	00000001		
15	00000000		

2. 总体组成框图

根据设计要求，可以把彩灯控制器分为三部分：花型节拍产生模块、花型控制模块和花型显示模块。总体组成框图如图 2-9 所示。

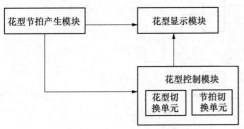

图 2-9　彩灯总体组成框图

3. 电路设计

（1）花型节拍产生模块。根据总体框图，花型节拍产生模块用来产生两种频率连续的脉冲信号，第一种是周期为 0.5s（2Hz）的快节奏连续脉冲信号，第二种是周期为 1s（1Hz）的慢节拍连续脉冲信号，电路由 555 定时器产生，并通过 D 触发器分频即可实现，电路如图 2-10 所示。

（2）花型控制模块。花型控制模块控制三种花型的切换以及节拍信号的切换，在它的控制下，彩灯可在三种花型之间，以快、慢两种速度自动显示。花型控制模块包括花型切换单元和节拍切换单元。

根据表 2-3，第一种花型有 16 个节拍，第二种花型有 8 个节拍，第三种花型有 8 个节拍，一共需要 32 个节拍，因此需要设计 32 进制计数器，这里选用两片 16 进制计数器 74LS163 使用反馈清零法来实现，电路如图 2-11 所示。

在此电路中引出 K_1、K_2、K_3 控制信号，由表可知，第一种花型时，$K_1K_2K_3$ 分别为 000、001、010 和 011；在第二种花型时，$K_1K_2K_3$ 分别为 100 和 101；在第三种花型时，$K_1K_2K_3$ 分别为 110 和 111。使用 K_1、K_2、K_3 控制信号可用来实现花型切换和节拍切换。

节拍切换发生在循环后的最后一个状态，即计数到 11111 时开始接拍切换，因此可以采用 K_1 和低位计数器的进位输出端 CO 连接触发器构成，电路如图 2-12 所示。

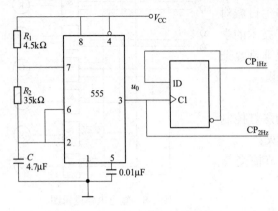

图 2-10　花型节拍产生电路

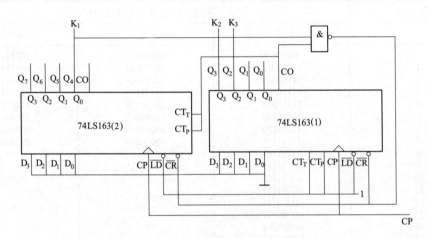

图 2-11　32 进制单元电路

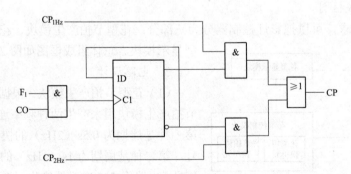

图 2-12　节拍切换单元电路

（3）花型显示模块。根据花型要求，1 表示灯亮，0 表示灯灭，可直接控制共阴极发光二极管来实现。花型具有明显的移存效果，因此可以选用 4 位双向移位寄存器 74LS194 来实现。根据花型效果，选用两片 74LS194，左边用高位移位寄存器表示，右边用低位移位寄存器表示，可得不同花型时候的控制关系如表 2-4 所示。

表 2-4　　　　　　　　　不同花型下两片移位寄存器的输入信号与切换信号的关系

花型种类	切换信号			高位移位寄存器输入端					低位移位寄存器输入端				
	K_1	K_2	K_3	$\overline{CR}$	M_1	M_0	D_{SL}	D_{SR}	$\overline{CR}$	M_1	M_0	D_{SL}	D_{SR}
花型 1	0	0	0	1	0	1	×	1	1	0	1	×	0
	0	0	1	1	0	1	×	1	1	0	1	×	1
	0	1	0	1	0	1	×	0	1	0	1	×	1
	0	1	1	1	0	1	×	0	1	0	1	×	0
花型 2	1	0	0	1	1	0	1	×	1	1	0	1	×
	1	0	1	1	1	0	0	×	1	1	0	0	×
花型 3	1	1	0	1	1	0	1	×	1	0	1	×	1
	1	1	1	1	1	0	0	×	1	0	1	×	0

由表可得，高位移位寄存器的输入信号为

$$\overline{CR} = 1$$
$$M_1 = K_1$$
$$M_0 = \overline{K_1}$$
$$D_{SL} = K_1 \overline{K_3}$$
$$D_{SR} = \overline{K_1 + K_2}$$

低位移位寄存器的输入信号为

$$\overline{CR} = 1$$
$$M_1 = K_1 \overline{K_2}$$
$$M_0 = \overline{K_1} + K_2$$
$$D_{SL} = K_1 \overline{K_2} \overline{K_3}$$
$$D_{SR} = \overline{K_1 \overline{K_2} K_3} + K_2 \overline{K_3}$$

根据表达式，可画出电路图如图 2-13 所示。

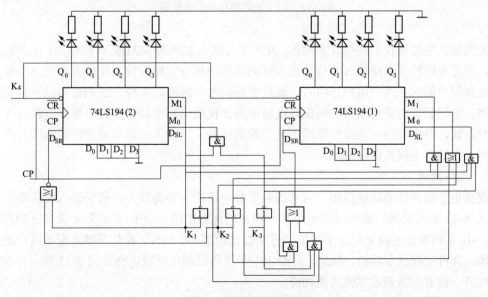

图 2-13　彩灯整体电路

这里$\overline{CR}$没有直接接1，使用开关K_4控制，当K_4为0时，移位寄存器全部清零，灯全灭，K_4为1时，在脉冲作用下可在三种花型之间自动循环显示发光。

2.3.3 电子密码锁电路的设计

电子密码锁是生活中常用的电子产品，当密码输入正确时，锁打开，密码不正确时，锁不能打开且报警。

1. 设计要求

（1）使用3位十进制数作为密码，且电路具有密码设置、保存和修改功能。

（2）密码采用十进制输入，8421BCD码形式保存。

（3）接收3位开锁输入密码后，能进行正确性识别。

（4）当输入密码与所设密码一致时，输出产生开锁信号；不一致时产生报警信号。

2. 总体组成框图

根据设计要求可知，密码锁主要由密码输入电路、设置/修改密码保存电路、开锁密码保存电路和密码验证电路4部分组成，其结构框图如图2-14所示。

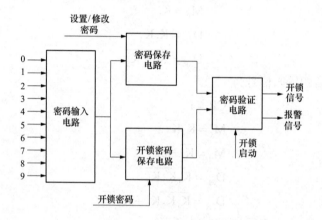

图2-14 电子密码锁总体组成框图

密码输入电路接收十进制数字输入，并产生与输入对应的8421BCD码输出；用户设置密码时，通过密码输入电路输入3位十进制密码送密码保存电路存放，密码保存电路中存放的密码允许用户随时修改；用户开锁时，通过密码输入电路输入3位十进制密码送开锁密码保存电路；密码验证电路对来自密码保存电路中的3位密码和来自开锁密码保存电路的3位密码进行比较，并在开锁启动信号作用下产生输出信号，当输入密码与设置密码相同时产生开锁信号，否则产生报警提示信号。

3. 电路设计

根据电子密码锁的功能描述，可考虑各部分电路的主要器件为：密码输入电路采用普通按键式8421码编码器；密码保存电路和开锁密码保存电路分别采用3个4位二进制寄存器74LS194；密码验证电路采用3个4位二进制数比较器74LS85，在此基础上配备适当的逻辑门电路，即可实现预定功能。据此，可画出电子密码锁的主逻辑电路如图2-15所示，该电路并不完善，读者可按要求完善其他功能。

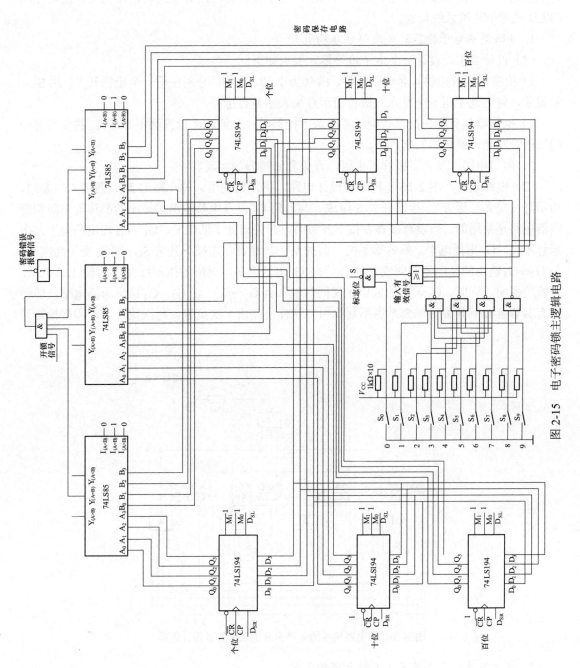

图 2-15 电子密码锁主逻辑电路

2.3.4 多路电子抢答器的设计

电子抢答器是竞赛问答中一种常用的装置，由于选手几乎同时按下开关，人工很难判别选手的先后，因此需要采用电子判别的方法。电子抢答器可用数字逻辑电路构成，也可使用CPLD或者单片机系统构成。

1. 4路简易电子抢答器（用门电路构成）

（1）设计要求。设计一个电子抢答器，要求如下：

1）抢答器同时提供4名选手抢答，编号为1、2、3、4，分别使用一个抢答开关，用$S_1 \sim S_4$表示，每名选手用一个发光二极管指示灯来表示是否抢答。

2）抢答器具有优先抢答功能（某个选手抢答后，其他选手抢答则不好使），并使其对应的二极管发光，蜂鸣器发出声响。

3）用门电路、发光二极管、电阻、开关和蜂鸣器等实现。

（2）电路设计。图2-16是抢答器设计电路，供四组使用。每一路由TTL四输入与非门、指示灯（发光二极管）、抢答开关S组成。与非门G_5以及由其输出端接出的晶体管电路和蜂鸣器电路是共用的。当没有参赛者按下开关时，开关均处于低电平，$G_1 \sim G_4$均出高电平，指示灯不亮。G_5出低电平，蜂鸣器不响。假如某一参赛者首先按下开关S_1，则S_1变为高电平，与$G_2 \sim G_4$输出的高电平共同输入到G_1，使G_1出低电平，对应的指示灯亮。G_5输出高电平，使蜂鸣器响。同时，G_1输出的低电平又同时输入到$G_2 \sim G_4$，使$G_2 \sim G_4$输出为高电平，即使再有参赛者按下开关$S_2 \sim S_4$，也不起作用。这样便完成一次抢答。再次抢答前，需把抢答开关复位。

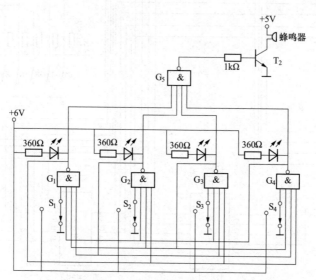

图2-16 门电路构成的4路简易电子抢答器设计电路

2. 4路简易电子抢答器（用触发器构成）

（1）设计要求。设计一个电子抢答器，要求如下：

1）抢答器同时提供4名选手抢答，编号为1、2、3、4，分别使用一个抢答开关，用$SB_1 \sim SB_4$表示，每名选手用一个发光二极管指示灯来表示是否抢答。

2）抢答器具有优先抢答功能（某个选手抢答后，其他选手抢答则不好使），并使其对应的二极管发光，蜂鸣器发出声响。

3）用触发器、发光二极管、电阻、开关和蜂鸣器等实现。

（2）电路设计。图 2-17 是用 4 个 D 触发器和 2 个与非门、1 个非门等组成的 4 人抢答器电路。

抢答前，主持人按下复位按钮 SB，4 个 D 触发器全部清 0，4 个发光二极管均不亮，与非门 G_1 输出为 0，三极管截止，扬声器不发声。同时，G_2 输出为 1，时钟信号 CP 经 G_3 送入触发器的时钟控制端。此时，抢答按钮 $SB_1 \sim SB_4$ 未被按下，均为低电平，4 个 D 触发器输入的全是 0，触发器保持 0 状态不变。时钟信号 CP 可用 555 定时器组成的多谐振荡器提供。

当抢答按钮 $SB_1 \sim SB_4$ 中有一个被按下时，相应的 D 触发器输出为 1，相应的发光二极管亮，同时 G_1 输出为 1，扬声器发声，表示抢答成功。另外，G_2 输出为 0，封锁 G_3，时钟信号 CP 不能通过，其他按钮再按下，就不会起作用了，相应的触发器状态不会改变。

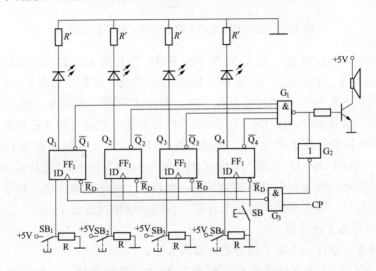

图 2-17 触发器构成的 4 路简易电子抢答器电路

3. 简单的 8 路电子抢答器（用锁存器构成）

（1）设计要求。设计一个电子抢答器，要求如下：

1）抢答器同时提供 8 名选手抢答，编号为 1~8，分别使用一个抢答开关，用 $S_1 \sim S_8$ 表示，每名选手用一个发光二极管指示灯来表示是否抢答。

2）抢答器具有优先抢答功能（某个选手抢答后，其他选手抢答则不好使），并使其对应的二极管发光，蜂鸣器发出声响。

3）用锁存器、发光二极管、电阻、开关和蜂鸣器等实现。

（2）电路设计。图 2-18 所示为由八个 D 锁存器 74LS373、LED 二极管、电阻、电容和开关构成的简单的 8 路电子抢答器。74LS373 中每个锁存器有一个数据输入端 D 和一个数据输出端 Q，八个 D 锁存器共用锁存允许控制端 LE 和输出允许控制端 $\overline{OE}$。当 $\overline{OE}$ 为高电平时，所有存储器的输出为高阻状态；当 $\overline{OE}$ 为低电平，LE 为高电平时，74LS373 的输出端 Q 将随 D 变化，当 LE 为低电平时，Q 锁存 D 的输入电平。

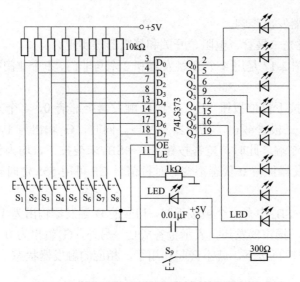

图 2-18　锁存器构成的 4 路简易电子抢答器电路

在这个电路中，当开关 $S_1\sim S_8$ 及 S_9 都不按下时，芯片的 $D_0\sim D_7$ 为高电位，由于 $\overline{OE}$ 为低电平，LE 为高电平，输出 $Q_0\sim Q_7$ 随 $D_0\sim D_7$ 的输入变化，即都是高电平，8 个发光二极管均不亮。当开关 $S_1\sim S_8$ 中有一个开关 S_i 按下时，对应的 D_i 端为低电平，输出 Q_i 端也为低电平，对应的发光二极管发光。由于对应的发光二极管导通，把芯片的 LE 拉低为低电平，即输出被锁存（其他按键再按下则无效），达到抢答的目的。只有当 S_9 按键按下时，LE 恢复高电平，输出 $Q_0\sim Q_7$ 随 $D_0\sim D_7$ 的输入变化（此时 $S_1\sim S_8$ 均为按下），芯片输出全为高电平，发光二极管全部熄灭，恢复到电路的初始状态，允许下一轮的抢答。由于电子器件的运行速度比机械速度快得多，即使看似同时按下开关，也能判别出抢答选手。

4. 8 路多功能电子抢答器

（1）设计要求。设计一个电子抢答器，要求如下：

1）抢答器同时提供 8 名选手抢答，编号为 1～8，分别使用一个抢答开关，用 $S_0\sim S_7$ 表示。

2）抢答器具有优先抢答功能（某个选手抢答后，其他选手抢答则不好使），并显示其组号。

3）在抢答时，主持人可预置时间，用两位十进制数表示，让选手在有限时间内抢答，时间到则自动停止本轮抢答。在操作上，主持人可根据问题的难易程度设定时间长短。

4）用计数器器、锁存器、编码器、开关和数码管等实现。

（2）电路设计。

1）抢答器输入电路。抢答器输入电路如图 2-19 所示，由开关 $S_0\sim S_7$、自锁按键开关 S_8、数据锁存器 74LS373、八输入与非门 74LS30、或门 74LS32 和非门 74LS04 构成。

主持人开关为 S_8，不按时它接高电平起恢复初始状态功能，经过或门 74LS32，使 74LS373 的 LE 为高电平，74LS373 处于输出 Q 随输入 D 变化而变化状态。选手开关 $S_0\sim S_7$ 没有按下时，74LS373 的输入均为高电平，输出均为高电平，经与非门 74LS30 输出为低电平（此时按键信号是低电平），经非门 74LS04 输出高电平，作为或门 74LS32 的另一个输入端。

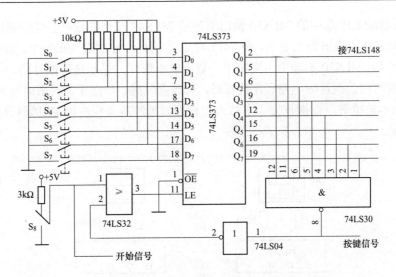

图 2-19　8 路多功能电子抢答器输入电路

抢答器工作时，主持人先将自锁开关 S_8 按下（接低电平），由于或门 74LS32 的另一个输入端仍为高电平，使 74LS373 的 LE 仍为高电平，主持人说抢答开始，选手按下自己的开关，其对应的 74LS373 的 D 端和 Q 端均为低电平，74LS30 输出为高电平，经过 74LS04 的反相，输出为低电平，经 74LS32 输出为低电平，使 74LS373 的 LE 为低电平，74LS373 处于锁存状态，其他选手再抢答，74LS373 的 Q 端也不会再变化，限制了其他选手的抢答。如果再次抢答，主持人需把开关 S_8 打成高电平，电路恢复初始状态，主持人将自锁开关 S_8 按下时，开始新一轮的抢答。

2）编码电路、译码电路和显示电路。编码电路、译码电路和显示电路包括 8 线-3 线优先编码器 74LS148、四线-七段译码驱动芯片 74LS47 和七段共阳极数码管。

编码电路、译码电路和显示电路如图 2-20 所示，抢答电路的输出首先送优先编码器芯片 74LS148 进行编码（由于 74LS148 反码编码，因此把 74LS373 的 $Q_0 \sim Q_7$ 分别接 74LS148 的 $\overline{I_7} \sim \overline{I_0}$），输出 3 位二进制数 000～111，74LS148 的输出送到四线-七段译码驱动芯片 74LS47，最后送到七段共阳极数码管显示。为了起到限流作用，在共阳极数码管的每个输入脚接 300Ω 电阻。

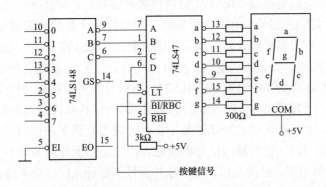

图 2-20　编码电路、译码电路和显示电路

由于抢答器输入电路中的 74LS30 输出端还接 74LS47 芯片的数码熄灯控制端,当选手没有按键时,74LS30 的输出为低电平,使 74LS47 芯片的熄灯控制端为低电平,数码管不显示。当有选手按键时,74LS30 的输出为高电平,数码管不熄灯,显示选手的号码。

3)可预置时间的倒计时电路。在抢答时,可预置时间,让选手在有限时间内抢答,时间到则自动停止本轮抢答。在操作上,主持人可根据问题的难易程度设定时间长短,具体电路如图 2-21 所示。

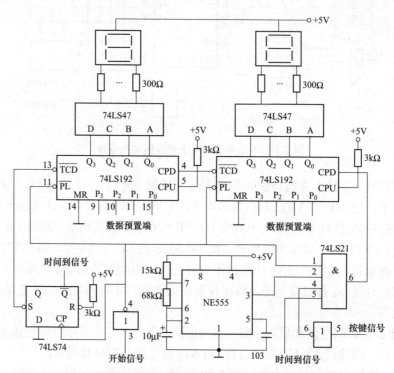

图 2-21 可预置时间的倒计时电路

可预置时间的倒计时电路由 555 定时器、十进制计数芯片 74LS192、译码芯片 74LS47、四输入与门 74LS21 和共阳极数码管等构成。一般抢答的时间是十几秒到几十秒,所以设定两位十进制数码显示。将十进制计数芯片 74LS192 级联成减法计数形式,用 555 定时器产生秒脉冲信号,并通过与门电路给 74LS192 提供秒脉冲信号。让秒脉冲信号经过一个与门,就是用"开始信号""时间到信号"和"选手按键"信号控制计数脉冲的通行。

该电路工作时,首先设置倒计时时间,二进制数在 74LS192 的并行输入端接入,此时该芯片置数端 $\overline{PL}$ 为低电平,将置数值置入;抢答开始时,开关 S_8 接地并产生"开始信号",经过非门后变成高电平,送到 74LS192 和 74LS74,该信号同时也接到与门 74LS21;此时"时间到信号"为高电平,"按键信号"经过非门后也为高电平,秒脉冲通过与门进入减法计数器,计数器倒计时开始。有三种情况,减法计数停止,一是当有选手按键时,按键信号"经过非门输出低电平,封闭与门,使秒脉冲信号不能进入;二是当倒计时为 0 时(没有选手抢答),"时间到信号"输出低电平,封闭与门,使秒脉冲信号不能进入;三是主持人按动 S_8 开关(结束抢答),"开始信号"变成高电平,该信号经过非门后输出低电平,封闭与门,使秒脉冲信号不能进入。译码芯片 74LS47 和共阳极数码管显示电路与前面的译码显示电路相同,注意要加限流电阻。

4）发声电路及控制电路。在电子抢答器电路中，设置发声电路可以提示主持人等相关人员注意有人抢答，另外在无人抢答时，由时间到信号控制发声电路，提示可以进行下一轮抢答。可利用抢答输入电路中的 741S30 的输出信号和时间到信号控制发声电路。

由 NE555 定时器构成的发声电路如图 2-22 所示，其中 NE555 构成多谐振荡器，振荡频率决定了声音的高低，电路的输出端接一个晶体管，推动扬声器发声。"声音控制信号"为高电平时，多谐振荡器工作，反之，电路停振。为了避免长时间发声，可以由"有按键信号"和"时间到信号"组合一个逻辑电路产生发音控制信号。

图 2-23 是发声控制逻辑电路，让"时间到信号"经过一个"非门"电路（转换为高电位），再和"按键信号"信号进入一个"或门"电路，再经过一个反相器后接 74LS123 单稳态电路，其目的是只要有"时间到信号"或"按键信号"出现，就触发单稳态电路，控制发声时间。当单稳态电路有信号触发时（负脉冲）由 13 脚输出一个正脉冲，接到发声电路，正脉冲宽度对应发声的时间长短，74LS123 输出脉冲的宽度与 RC 的取值有关。

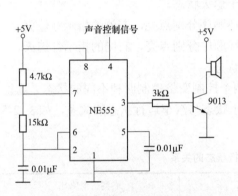

图 2-22　由 NE555 定时器构成的发声电路

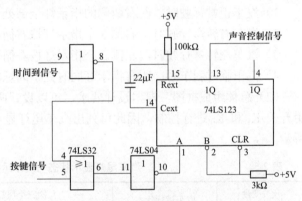

图 2-23　发声控制逻辑电路

5）码盘输入。在可预置时间的倒计时电路中，时间数值的设定是采用二进制数，即用开关设置 74LS192 并行置数端（1、9、10、15 脚）的高电位或低电位。这样的电子抢答器给使用者带来不便，因为对于不同时间的设定，需要有二—十进制的换算。为了解决这一问题，可以采用置数码盘，其功能是转动码盘设定十进制数 0～9，码盘会对应输出二进制数，即 0000～1001。码盘的外形如图 2-24 所示，其十进制位数有 1 位、2 位或多位，每位都对应 4 位二进制码输出。码盘输出的编码是用高、低电平表示，使用时码盘需要接+5V 电压。在该抢答器电路中，可采用两位的码盘，每位的输出端分别与 74LS192 的并行置数端连接（注意高位和低位顺序），这样主持人可以很方便地设定抢答时间。

图 2-24　码盘的外形图

6）组装调试抢答器电路。组装定时抢答电路时，应先将各部分电路安装、调试好，可以按书中介绍的顺序。需要注意的有三个方面：一是输入电路由多个开关所组成，每个竞赛者与一个按键开关相对应，要有标号与其对应，按键开关应为常开型，当按下开关时，开关闭合，松开时，开关自动断开；二是主持人使用自锁式按键开关，按下时开关闭合，并锁住，再按时开关断开；三是开始调试时，可以先接入两路实验，电路调试成功后，再连接全部电路。

在各部分电路工作正常后，再把各部分电路组合在一起，形成一个完整的带数显的电子抢答电路。实际应用时，应将所有电路制成一块印制电路板，按键开关到控制电路距离较远时，可以利用光电隔离的方法提高传输线路的电压（高、低电平转换），使其满足使用要求。

2.3.5 汽车尾灯控制器电路设计

汽车行驶时候可根据尾灯的状态表示汽车正常行驶、左转、右转以及刹车等，下面讲两个汽车尾灯控制器电路设计的例子。

1. 汽车尾灯控制器（用 74LS138 译码器和门电路实现）

（1）设计要求。设计一个汽车尾灯控制电路，实现对汽车尾灯显示状态的控制。汽车尾部左、右两侧各有 3 个指示灯（假定用发光二极管模拟），根据汽车运行情况，指示灯有四种不同的状态：

1）汽车正常行驶时，左右两侧的指示灯全部处于熄灭状态。

2）汽车右转弯行驶时，右侧 3 个指示灯按右循环顺序分别点亮，左侧的指示灯熄灭。

3）汽车左转弯行驶时，左侧 3 个指示灯按左循环顺序分别点亮，右侧的指示灯熄灭。

4）汽车临时刹车时，所有指示灯同时处于闪烁状态。

（2）总体组成框图。根据设计要求，可以设置两个控制变量控制四种不同的状态。这里用开关 K_1 和 K_0 进行控制，因此可列出汽车尾灯显示状态与汽车运行状态的关系，如表 2-5 所示。

表 2-5　　　　　　　　　　汽车尾灯显示状态与汽车运行状态的关系

开关变量 K_1　K_0	汽车运行状态	左侧三个尾灯 D_{L3}　D_{L2}　D_{L1}	右侧三个尾灯 D_{R1}　D_{R2}　D_{R3}
0　　0	正常行驶	熄灭	熄灭
0　　1	右转弯	熄灭	按 D_{R1} D_{R2} D_{R3} 顺序依次往右点亮
1　　0	左转弯	按 D_{L1} D_{L2} D_{L3} 顺序依次往左点亮	熄灭
1　　1	临时刹车	所有尾灯随时钟 CP 闪烁	

因为在汽车左、右转弯时候要求与之对应的三个指示灯被循环顺序点亮，所以可以用一个三进制计数器的输出状态控制译码器电路顺序输出控制电平，按要求依次点亮 3 个指示灯。假定三进制计数器的状态用 Q_1、Q_0 表示，可得出描述指示灯、控制开关 K_1、K_0 和计数器状态之间的功能表如表 2-6 所示，其中指示灯状态用"1"表示熄灭，用"0"表示点亮。

表 2-6　　　　　汽车尾灯指示灯、控制开关 K_1、K_0 和计数器状态之间的功能表

汽车运行状态	开关变量 K_1　K_0	计数器状态 Q_1　Q_0	汽车尾部的六个指示灯 D_{L3}　D_{L2}　D_{L1}　D_{R1}　D_{R2}　D_{R3}
正常行驶	0　　0	×　　×	1　1　1　　1　1　1
右转弯	0　　1	0　　0	1　1　1　　0　1　1
		0　　1	1　1　1　　1　0　1
		1　　0	1　1　1　　1　1　0

续表

汽车运行状态	开关变量 K₁ K₀		计数器状态 Q₁ Q₀		汽车尾部的六个指示灯 D_{L3} D_{L2} D_{L1}			D_{R1} D_{R2} D_{R3}		
左转弯	1	0	0 0 1	0 1 0	1 1 0 1 0 1 0 1 1			1 1 1 1 1 1 1 1 1		
临时刹车	1	1	×	×	CP CP CP			CP CP CP		

由上述功能分析可知，该汽车尾灯控制器可由模式控制电路、三进制计数器、译码电路、显示驱动电路和尾灯状态显示电路构成，其总体框图如图 2-25 所示。

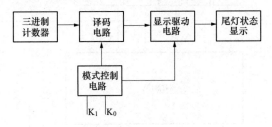

图 2-25 汽车尾灯控制器总体框图

（3）电路设计。三进制计数器可由触发器或者计数器构成，本文使用十进制计数器 74LS160 构成。译码电路选用 3-8 线译码器和门电路构成，驱动显示电路由反相器和发光二极管构成。

由 74LS160 构成的三进制计数器如图 2-26 所示，Q_1、Q_0 即时我们要的三进制计数器的输出状态。

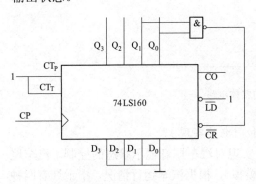

图 2-26 三进制计数器

整体电路的电路图如图 2-27 所示。

电路的工作原理是：汽车正常行驶时，$K_1=0$，$K_0=0$，经异或门使 S_1 为 0，译码器 74LS138 使能端无效，输出 $\overline{Y_0}$、$\overline{Y_1}$、$\overline{Y_2}$、$\overline{Y_4}$、$\overline{Y_5}$、$\overline{Y_6}$ 均为高电平，A 端为三输入与非门的输出，也为高电平，$G_1 \sim G_6$ 输出都为低电平，经非门均输出高电平，所有发光二极管均熄灭。汽车右转弯时，$K_1=0$，$K_0=1$，经异或门使 S_1 为 1，译码器 74LS138 使能端有效，74LS138 的三个地址端 $A_2 \sim A_0$ 接 K_1 和计数器 Q_1、Q_0，所以 $A_2 \sim A_0$ 在状态 000，001，010 三个状态之间循环，分别对应 74LS138 的 $\overline{Y_0}$、$\overline{Y_1}$、$\overline{Y_2}$ 输出低电平，此时 A 端仍为高电平，所以会使 D_{R1}、D_{R2}、D_{R3} 的阴极分别出低电平，对应灯循环点亮。而 $\overline{Y_4}$、$\overline{Y_5}$、$\overline{Y_6}$ 均出高电平，对应的 D_{L1}、D_{L2}、D_{L3} 的阴极都出高电平，对应灯均熄灭。当汽车左转弯时，$K_1=1$，$K_0=0$，经异或门使 S_1 为 1，译码器 74LS138 使能端有效，74LS138 的三个地址端 $A_2 \sim A_0$ 在状态 100，101，110 三个状态之间循环，分别对应 74LS138 的 $\overline{Y_4}$、$\overline{Y_5}$、$\overline{Y_6}$ 输出低电平，此时 A 端仍为高电平，所以会使 D_{L1}、D_{L2}、D_{L3} 的阴极分别出低电平，对应灯循环点亮。而 $\overline{Y_0}$、$\overline{Y_1}$、$\overline{Y_2}$ 均出高电平，对应的 D_{R1}、D_{R2}、D_{R3} 阴极都出高电平，对应灯均熄灭。当汽车临时刹车时，$K_1=1$，$K_0=1$，经异或门使 S_1 为 0，译码器 74LS138 使能端无效，输出 $\overline{Y_0}$、$\overline{Y_1}$、$\overline{Y_2}$、$\overline{Y_4}$、$\overline{Y_5}$、$\overline{Y_6}$ 均为高电平，三输入与非门

G_7 的两个输入端为高电平，另一个输入端为脉冲 $\overline{CP}$，则 A 端输出为脉冲 CP，CP 脉冲经 $G_1 \sim$ G_6 以及对应非门输出，使所有发发光二极管均处于闪烁状态。

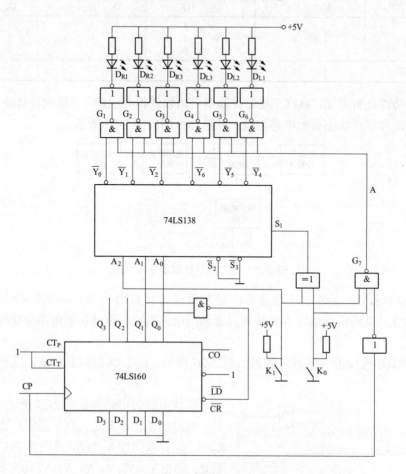

图 2-27　汽车尾灯的整体电路

2. 汽车尾灯控制器（用移位寄存器 74LS194 和门电路实现）

（1）设计要求。设计一个汽车尾灯控制电路，实现对汽车尾灯显示状态的控制。汽车尾部左、右两侧各有 3 个指示灯（假定用发光二极管模拟），根据汽车运行情况，指示灯有四种不同的状态：

1）汽车正常行驶时，左右两侧的指示灯全部处于熄灭状态。

2）汽车右转弯行驶时，右侧 3 个指示灯依次点亮，再熄灭，周而复始，左侧的指示灯熄灭。

3）汽车左转弯行驶时，左侧 3 个指示灯依次点亮，再熄灭，周而复始，右侧的指示灯熄灭。

4）汽车临时刹车时，所有指示灯同时处于闪烁状态。

（2）总体组成框图。根据设计要求，可以设置三个控制变量控制四种不同的状态。这里用开关 K_2、K_1 和 K_0 进行控制，因此可列出汽车尾灯显示状态与汽车运行状态的关系，如表 2-7 所示。

表 2-7　　　　　　　　　汽车尾灯显示状态与汽车运行状态的关系

汽车运行状态	开关变量			汽车尾部的六个指示灯（1 表示灯灭，0 表示灯亮）					
	K_2	K_1	K_0	D_{L3}	D_{L2}	D_{L1}	D_{R1}	D_{R2}	D_{R3}
正常行驶	1	1	1	1	1	1	1	1	1
右转弯	0	1	1	1	1	1	0	1	1
				1	1	1	0	0	1
				1	1	1	0	0	0
				1	1	1	1	1	1
左转弯	1	1	0	1	1	0	1	1	1
				1	0	0	1	1	1
				0	0	0	1	1	1
				1	1	1	1	1	1
临时刹车	×	0	×	CP	CP	CP	CP	CP	CP

由上述功能分析可知，该汽车尾灯控制器可由模式控制电路、移位寄存器电路、显示驱动电路和尾灯状态显示电路构成，其总体框图如图 2-28 所示。

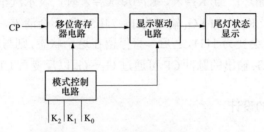

图 2-28　汽车尾灯控制器总体框图

（3）电路设计。整个电路的电路图如图 2-29 所示。

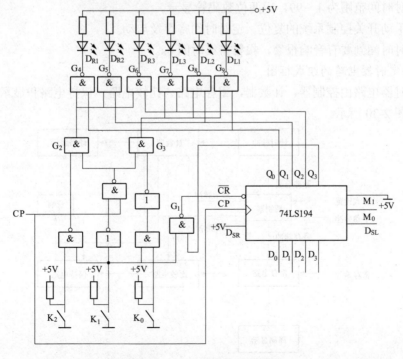

图 2-29　汽车尾灯整体电路图

电路的工作原理是：当 $K_2=1$、$K_1=1$、$K_0=1$ 时，表示汽车正常行驶。此时 G_2 和 G_3 输出均为 0，$G_4 \sim G_9$ 输出均为 1，所有灯都不亮；当 $K_2=0$、$K_1=1$、$K_0=1$ 时，表示汽车右转弯。此时 G_3 输出为 0，$G_7 \sim G_9$ 输出均为 1，灯 D_{L1}、D_{L2}、D_{L3} 都不亮，G_2 输出为 1，$G_4 \sim G_6$ 变成非门，对应的输入为 74LS194 的 $Q_0 \sim Q_2$，74LS194 此时处于右移状态，假设 $Q_0 \sim Q_3$ 的初态是 0000，则下一个脉冲后变为 1000，再一个脉冲后变为 1100，然后是 1110，当变到 1111 时，由于 Q_3 为 1，使门 G_1 输出为 0，瞬间 74LS194 清零，变为 0000，则 74LS194 的 $Q_0 \sim Q_2$ 在 100，110，111，000 四个状态中循环，对应 $G_4 \sim G_6$ 的输出为 011，001，000，111，则 D_{R1}、D_{R2}、D_{R3} 从 D_{R1} 开始依次点亮到全亮，再全熄灭，重新依次点亮到全亮，往复循环；当 $K_2=1$、$K_1=1$、$K_0=0$ 时，表示汽车左转弯。此时 G_2 输出为 0，$G_4 \sim G_6$ 输出均为 1，灯 D_{R1}、D_{R2}、D_{R3} 都不亮，G_3 输出为 1，$G_7 \sim G_9$ 变成非门，对应的输入为 74LS194 的 $Q_0 \sim Q_2$，74LS194 仍处于右移状态，74LS194 的 $Q_0 \sim Q_2$ 在 100，110，111，000 四个状态中循环，对应 $G_9 \sim G_7$ 的输出为 011，001，000，111，则 D_{L1}、D_{L2}、D_{L3} 从 D_{L1} 开始依次点亮到全亮，再全熄灭，重新依次点亮到全亮，往复循环；当 $K_2=\times$、$K_1=0$、$K_0=\times$ 时，表示汽车临时刹车。此时 G_2 和 G_3 输出为脉冲 $\overline{CP}$，由于 $K_1=0$，门 G_1 输出为 1，74LS194 不会清零，又由于 74LS194 处于右移状态，经过几个脉冲就会变为 1111，之后一直停留在这个状态，则与非门 $G_4 \sim G_9$ 被 74LS194 的 $Q_0 \sim Q_2$ 打开，G_2 和 G_3 输出的脉冲 $\overline{CP}$ 可通过 $G_4 \sim G_9$ 以反变量 CP 的形式输出，则对应六个小灯均处于闪烁状态。

2.3.6 数字定时器的设计

1. 设计要求

设计并制作一台能预置定时时间的定时电路，具体要求如下：

（1）计数器的计时时间为 0～99，用两位数码管分别显示。

（2）定时时间范围为 1～99，用两位数码管显示。

（3）用手动开关控制系统的复位、定时时间寄存及启动。

（4）定时时闻到要有音响报警，报警持续时间 5s。

2. 数字定时器电路的组成框图

数字定时器电路由控制器、计数器，寄存电路、比较电路，保持电路和显示电路组成。组成框图如图 2-30 所示。

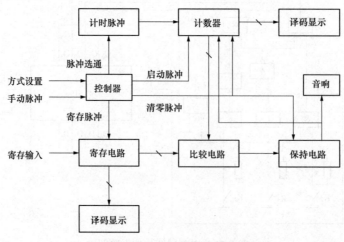

图 2-30 数字定时器电路组成框图

3. 电路设计

（1）计数器电路设计。十进制可逆计数器 74LS190 的逻辑符号图如图 2-31 所示，逻辑功能表如表 2-8 所示。

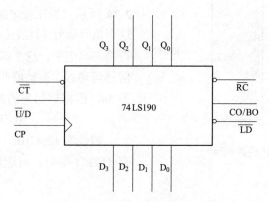

图 2-31　74LS190 的逻辑符号图

表 2-8　　　　　　　　　　　　　**74LS191 的逻辑功能表**

输入						输出	
$\overline{LD}$	$\overline{CT}$	$\overline{U}/D$	CP	$D_3\ D_2\ D_1\ D_0$	$Q_3^{n+1}Q_2^{n+1}Q_1^{n+1}Q_0^{n+1}$	注释
0	×	×	×	$d_3\ d_2\ d_1\ d_0$	$d_3\ d_2\ d_1\ d_0$	异步置数
1	0	0	↑	×	加法计数	$CO/BO = Q_3^n Q_2^n Q_1^n Q_0^n$
1	0	1	↑	×	减法计数	$CO/BO = \overline{Q_3^n Q_2^n Q_1^n Q_0^n}$
1	1	×	0	×	保持	

计数器电路要构成 0～99 计数的 100 进制计数器，这里选用两片 74LS190 构成 100 进制的减法计数器，电路如图 2-32 所示。当开关 S 断开时，计数器正常减法计数，当开关 S 闭合时，计数器处于异步置数状态，置为 0。

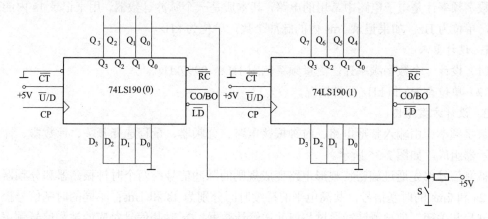

图 2-32　100 进制减法计数器

（2）比较电路设计。比较电路选用两片 4 位比较器 74LS85 构成 8 位比较器，电路如图 2-33 所示。计数器的输出接两个芯片的 A 端，设置的定时时间从 74LS85 的 B 端输入，如果计数器计到定时的时间，则 74LS85（1）的输出端 Y $_{(A=B)}$ =1，这个信号可以控制报警电路，发出报警。

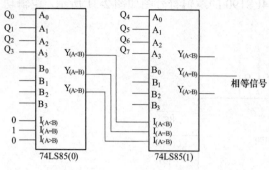

图 2-33　8 位比较器电路

（3）报警电路设计。报警电路设计如图 2-34 所示，当比较电路相等信号输出高电平，这个信号触发 74121 单稳态触发器的 Q 端出现暂稳态高电平，这个高电平打开与门，1000Hz 信号可通过，驱动蜂鸣器发声。由于报警时间为 5s，根据暂稳态的持续时间公式可得

$$0.7RC=5$$

假设取 C=47μF，可得 R=152kΩ，如果没有 152kΩ 电阻，可选用 500kΩ 电位器，把它调到 152kΩ 位置即可。

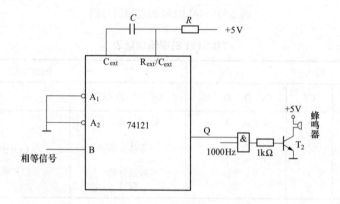

图 2-34　报警电路

2.3.7　数字频率计电路的设计

数字频率计是电子电路中常用的电路，其本质是一个脉冲计数器，用来记录 1s 内的脉冲个数，单位为 Hz，如果记录 1ms 内的脉冲个数，单位为 kHz。

1. 设计要求

（1）设计一个数字频率计，测量频率范围 1Hz～9999kHz。

（2）单位有 Hz 和 kHz 两种情况。

2. 设计方案框图

数字频率计由输入整形电路、时钟振荡电路、分频器、量程选择开关、计数器、译码器和显示器组成，如图 2-35 所示。

被测信号首先通过施密特整形电路变成规则的脉冲信号；两个时钟振荡器和分频器用来产生 2s 和 2ms 的时基信号，其高电平的持续时间分别为 1s 和 1ms；不同的时基信号控制与门的开启和关闭，使被测脉冲通过与门并送给计数器，2s 时基信号对应的被测信号频率单位是 Hz，2ms 时基信号对应的被测信号频率单位是 kHz；通过与门的被测信号，经计数器、锁存器和译码器送到显示电路进行显示；当时基信号为低电平时，计数脉冲不能通过与门，同时使时序发生电路发出锁存信号，将测量结果锁存，显示电路显示固定数值，在时序发生电

路发出清零信号后，使计数器复位，等待下一次测量。

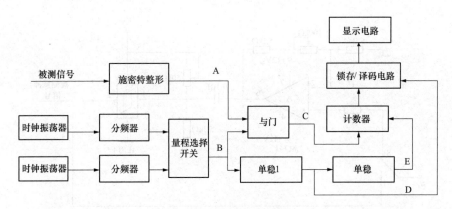

图 2-35　数字频率计框图

数字频率计框图的各级信号波形如图 2-36 所示，被测信号 A 的周期为 T，与门的开启时间为 T_1，当时基信号为高电平时，被测信号通过与门，形成计数脉冲 C，直到时基信号 B 变成低电平，与门关闭，停止计数。时基信号变成低电平的同时，使单稳态触发器 1 输出锁存信号 D，将计数值锁存。单稳态触发器 1 的下降沿又使单稳态触发器 2 产生清零信号 E，将计数器清零，等到时基信号 B 再次变成高电平时，重新开始计数。

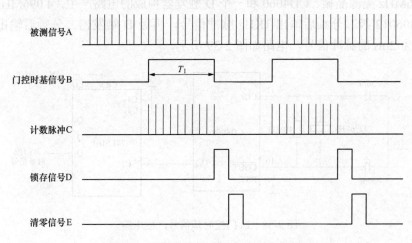

图 2-36　数字频率计框图的各级信号波形

若与门的开启时间为 T_1，在开启时间内计数器所计的脉冲数为 N，则被测信号的频率 f 为

$$f = \frac{N}{T_1} \tag{2-1}$$

为了保证测量精度，应该满足 $T_1 \gg T$，T 是被测信号的周期。

3. 电路设计

本数字频率计测量信号的频率范围是 1Hz～9999kHz，根据要求设计各模块电路如下：

（1）施密特整形电路。施密特整形电路如图 2-37 所示，其中运算放大器的作用是将小信号放大，放大后的信号经直流电位偏移，接入施密特反相器 74LS14，经 74LS14 输出标准脉冲信号。

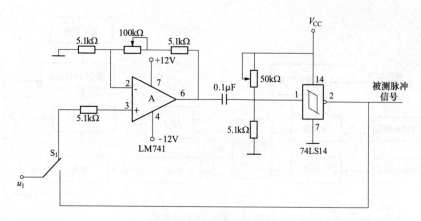

图 2-37　施密特整形电路

（2）门控时基信号产生电路。时基电路包含两路，分别用来产生 2s 方波信号和 0.2ms 方波信号，图 2-38 是使用 32768Hz 的无源晶振、芯片 CD4060（振荡和 14 位二进制计数器）和十六进制计数器 74LS161 产生的 2s 方波信号的电路图，32768Hz 的信号经 16 级二分频产生 2s 方波信号，其中高电平的持续时间为 1s，作为时基信号，用来开启与门。2ms 方波信号可选用 4.096MHz 无源晶振、CD4060 和一个 D 触发器构成的电路产生，4.096MHz 的脉冲信号经过 CD406012 级二分频后输出 1KHz 脉冲信号，再经 D 触发器二分频后输出 500Hz 信号，即周期为 2ms 的脉冲信号，电路如图 2-39 所示。

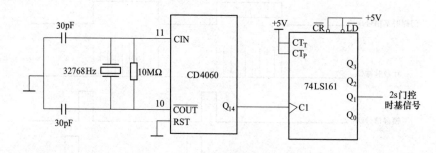

图 2-38　2s 门控时基信号产生电路

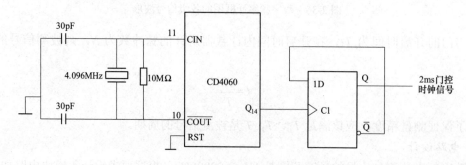

图 2-39　2ms 门控时基信号产生电路

（3）时序控制电路。根据设计要求，设计各级电路波形相应的时序控制电路如图 2-40 所示，门控时基信号变为低电平时，封锁与门，停止计数，用该时基信号控制单稳态触发器 1 触发，在 $\overline{Q}$ 端产生负跳变，接 74LS373 锁存器 LE 端，锁存数据。单稳态触发器 1 触发结束时，Q 端产生从高电平到低电平的负跳变，控制单稳态触发器 2 触发，在 $\overline{Q}$ 端产生负跳变，与手动清零信号经与门构成清零信号。

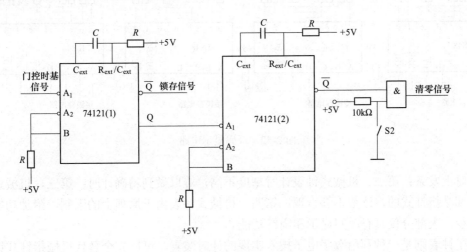

图 2-40　时序控制电路

（4）计数、锁存、译码和显示电路。计数和锁存电路如图 2-41 所示，计数器采用 10 进制同步计数器 74LS160，各个芯片之间采用并行进位方式。

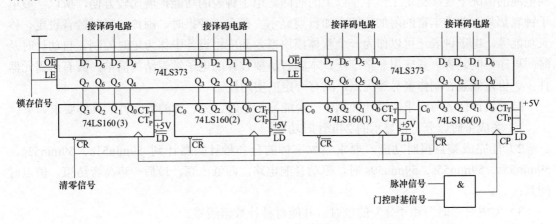

图 2-41　计数和锁存电路

锁存器在时基信号变成低电平时锁存显示，锁存器选用 8D 锁存器 74LS373，当 $\overline{OE}$ 为低电平，LE 为高电平时，锁存器的输出等于输入，当 $\overline{OE}$ 为低电平，LE 为低电平时，锁存器锁存，经译码显示电路显示数值。

译码显示电路如图 2-42 所示，采用显示译码器 74LS48 和共阴极数码管构成。74LS48 的每个输出端通过 300Ω 电阻接数码管，其输入端接锁存器的输出。

2.3.8　报时式数字钟的设计

传统的纯机械式钟表存在着几个明显的弱点：第一，计时时间较短，为保证连续计时，

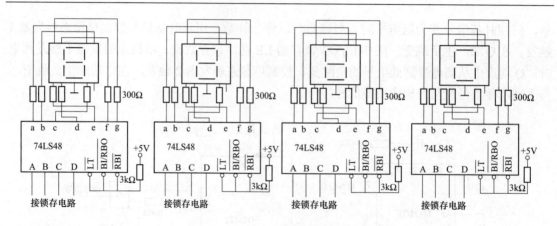

图 2-42　译码显示电路

需要按时上发条；第二，机械式钟表计时精度不高，难以做到精确计时；第三，机械式钟表大多数都是指针式的，读数不够直现；第四，机械式钟表由于原理上的限制，附加功能一般都比较少，大部分仅具有时间显示和闹铃功能。

电子钟表则是一种利用数字电子技术实现的计时装置，可以完全替代机械指针式钟表，而且由于不具有任何机械装置，因此不存在磨损问题，使用寿命很长。石英振荡器是电子钟表最主要使用的时间基准源，由于频率稳定度极高，所以用它作为振荡源的电子钟表计时的精确度很高。在正常计时状态下，电子钟表的功耗非常小，电池供电的电子钟表可以在不更换电池的情况下连续稳定工作半年以上的时间。电子钟表的功能扩展比较方便，所以一般电子钟表都具有非常丰富的附加功能，如日期显示、整点语音报时、闹铃和报时铃音设定、秒表功能等。电子钟表还可以作为一个整体模块嵌入到应用设备中作为定时控制、自动计时及时间程序控制装置，其应用非常广泛。本题目所要设计的电子钟表结构简单，具有所需元器件少、价格低廉、制作容易等优点，具有一定的实用性。

（1）设计任务与要求。设计并制作一台能显示小时、分、秒的数字钟。具体要求如下：

1）完成带时、分、秒显示的 24h 计时功能。

2）能完成整点报时功能，要求当数字钟的分和秒计数器计到 59min51s、59min53s、59min55s、59min55s、59min59s 时，驱动音响电路，四低一高，最后一声高音结束，整点时间到；

3）完成对"时"和"分"的校时，并能对秒计数器清零。

（2）数字钟的组成原理图。图 2-43 是数字钟的原理电路，它由以下三部分构成。

1）标准秒脉冲发生电路。这部分电路由石英晶体振荡器和六级十分频器组成。

石英晶体的振荡频率极为稳定，因而用它构成的多谐振荡器产生的矩形波脉冲的稳定性很高。为了进一步改善输出波形，在其输出端再接一非门，做整形用。

所谓分频，就是脉冲频率每经一级触发器就减低一半，即周期增加 1 倍。由 4 位二进制计数器可知，第一级触发器输出端 Q_0 的波形的频率是计数脉冲的 $\frac{1}{2}$。因此一位二进制计数器是一个二分频器。同理，第二级触发器输出端 Q_1 的波形的频率是计数脉冲的 $\frac{1}{4}$。依次类推，当二进制计数器有 n 位时，第 n 级触发器输出脉冲的频率是计数脉冲的 $\dfrac{1}{2^n}$。十进制计数器就是一个十分频器。如果石英晶体振荡器的振荡频率为 1MHz（即 $10^6\,\text{Hz}$），则经六级十分频后，输出脉冲的频率为 1Hz，即周期为 1s。此脉冲为标准秒脉冲。

2）时、分、秒计数、译码、显示电路。这部分包括两个 60 进制计数器、一个 24 进制计数器以及相应的译码显示器。标准秒脉冲进入秒计数器进行 60 分频后，得出分脉冲；分脉冲进入分计数器再经 60 分频得出时脉冲；时脉冲进入时计数器。时、分、秒各计数器的计数经译码显示。最大显示值为 23 小时 59 分 59 秒，再输入一个秒脉冲后，显示复零。

3）时、分校准电路。校"时"和校"分"的校准电路是相同的，现以校"分"电路来说明。

a. 在正常计时时，与非门 G_1 一个输入端为 1，将它开通，使秒脉冲输出的进位脉冲加到 G_1 的另一输入端，并经 G_3 进入分计数器。而此时 G_2 由于一个输入端为 0，因此被关闭，校准用的秒脉冲进不去。

b. 在校"分"时，按下开关 S_1，情况与（1）相反。G_1 被封锁，G_2 被打开，标准秒脉冲直接进入分计数器进行快速校"分"。

同理，在校"时"时，按下开关 S_2，标准秒脉冲直接进入时数器进行快速校"时"。

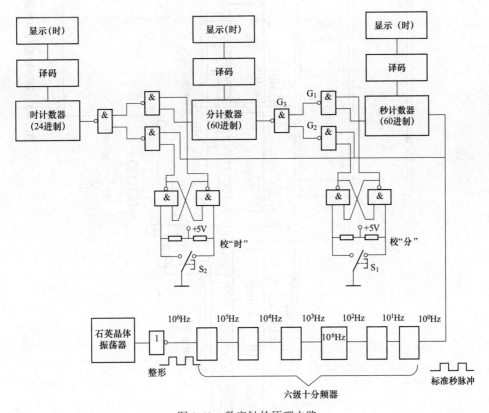

图 2-43　数字钟的原理电路

（3）电路设计。按照前面的设计思想，可设计报时式数字钟的整体电路如图 2-44 所示。

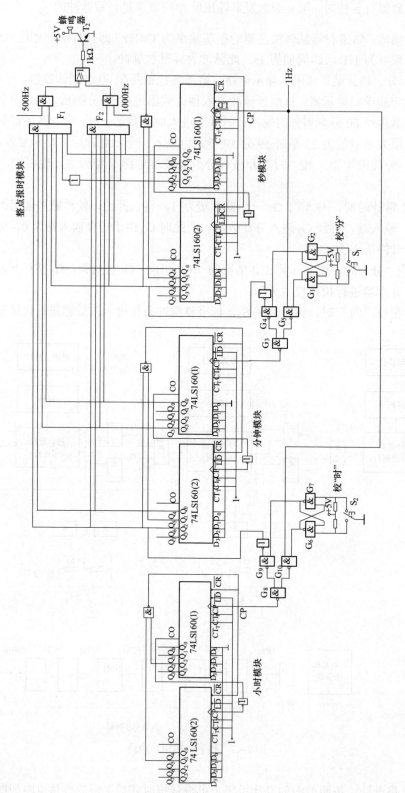

图 2-44　数字钟整体电路图

本 章 小 结

　　（1）电子系统的设计与器件密切相关，一般按照所用器件的不同，可以分为两大部分，其一为传统设计方法，其二是现代的设计方法。传统的电子系统设计一般是指采用搭积木式的方法，由器件搭成电路板，由电路板搭成电子系统。现代的电子系统设计是指采用微控制器可编程逻辑器件通过对 器件内部的设计来实现系统功能，这是一种基于芯片的设计方法。

　　（2）数字系统的设计的一般步骤包括总体方案的设计与选择，单元电路的设计与选择，元器件的选择和参数计算，总体设计，安装和调试，撰写总结报告。

习　　　　题

2-1　试述自底向上的设计方法。

2-2　试述自顶向下的设计方法。

第3章 可编程逻辑器件

可编程逻辑器件（PLD）是 20 世纪末期蓬勃发展起来的新型半导体通用集成电路，它是泛指可由用户自行定义功能（编程）的一类逻辑器件的总称。

现代数字系统愈来愈多地采用 PLD 来构成，这不仅能大大简化系统的设计过程，而且还能使系统结构简单，可靠性提高。PLD 技术从一个方面反映了现代电子技术的发展趋势。

3.1 PLD 基本电路的结构、功能与习惯表示法

PLD 的结构框图如图 3-1 所示。其核心部分是由两个逻辑门阵列（与阵列和或阵列）所组成。与阵列在前，通过输入电路接受输入逻辑变量 ABC…；或阵列在后，通过输出电路送出输出逻辑变量。不同类型的 PLD，结构差异很大，但他们的共同之处是，都有一个与阵列和一个或阵列。有的 PLD 内部还有反馈电路。作为用户，可根据实际需要，将厂家提供的 PLD 产品，按规定的编程方法自行改变其内部的与阵列和或阵列结构（或者其中之一），从而获得所需要的逻辑关系和逻辑功能。

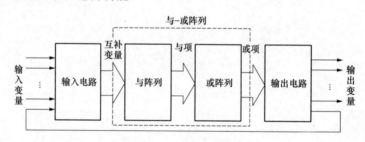

图 3-1 PLD 的结构框图

PLD 结构复杂，线路纵横交错。为了清晰地表示 PLD，人们约定了一些不同于常规的图形含义和图形符号。如图 3-2（a）的圆点表示固定连接点，用户不能改变。图 3-2（b）的交叉点是连通的，但为编程连接，留给用户编程用。用户编程时，需要连通，则保留"×"点；需要两线断开，则擦除"×"点。图 3-2（c）表示断开连接，或者编程时"×"点被擦除过。

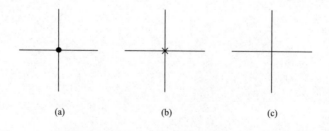

图 3-2 PLD 中的三种交叉点

（a）固定连接；（b）编程连接；（c）断开连接

图 3-3 表明了与门和或门在 PLD 中的画法。图 3-3（a）是一个 4 输入的与门，竖线为 4 个输入信号 A、B、C、D，用与横线相交叉的点的状态表示相应输入信号是否接到了该与门的输入端上。如果编程点没有断开，则该与门的输出为 Y＝ABD；如果编程点断开，则该与门的输出为 Y＝B。或门的情况和与门类似，如图 3-3（b）所示，编程点没有断开，则该或门的输出为 Y＝A＋B＋C；如果编程点断开，则该或门的输出为 Y＝C。

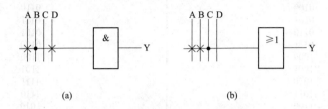

图 3-3　与门和或门在 PLD 中的画法

图 3-4（a）表示缓冲器。可以提供互补的原变量 A 和反变量 $\overline{A}$，还可增强带负载的能力。也有的书中缓冲器的画法如图 3-4（b）所示。

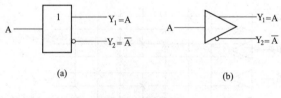

图 3-4　缓冲器

3.2　可编程逻辑阵列（PLA）

可编程逻辑阵列（PLA，Programmable Logic Array）是 20 世纪 70 年代中期在 PROM 基础上发展起来的 PLD，它的与阵列和或阵列均可编程。但由与阵列构成的地址译码器是一个非完全译码器，它的每一根输出线可以对应一个最小项，也可以对应一个由地址变量任意组成的与项。因此允许用多个地址码对应同一个字线。所以，PLA 可以根据逻辑函数的最简与或式，直接产生所需要的与项，以实现相应的组合逻辑电路。用 PLA 进行组合逻辑电路设计时，只要将函数转换成最简与或式，由与阵列产生与项，再由或阵列完成与项相或的运算后便得到输出函数。

PLA 器件的基本结构与 PROM 类似，都是基于与或表达式，但 PLA 器件的与阵列和或阵列都是可编程的。

【例 3-1】　用 PLA 实现 4 位二进制码转换为格雷码的代码转换电路。

解　根据表 3-1 所示的代码转换真值表，将多输出函数化简后得到最简输出表达式

$$G_0 = B_1\overline{B}_0 + \overline{B}_1B_0$$

$$G_1 = B_2\overline{B}_1 + \overline{B}_2B_1$$

$$G_2 = B_3\overline{B}_2 + \overline{B}_3B_2$$

$$G_3 = B_3$$

表 3-1	二进制码转换为格雷码真值表
二进制码 $B_3B_2B_1B_0$	格雷码 $G_3G_2G_1G_0$
0000	0000
0001	0001
0010	0011
0011	0010
0100	0110
0101	0111
0110	0101
0111	0100
1000	1100
1001	1101
1010	1111
1011	1110
1100	1010
1101	1011
1110	1001
1111	1000

实现电路如图 3-5 所示。

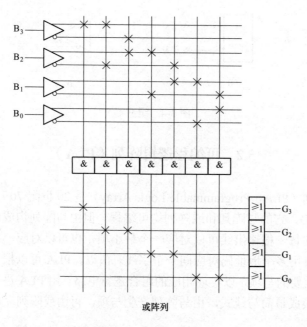

图 3-5 [例 3-1] 图

在 [例 3-1] 中所示的 PLA 电路中不包含触发器，这种结构的 PLA 只能用于设计组合逻辑电路，称为组合型 PLA。如果设计时序逻辑电路，则需要增加触发器电路。这种含有内部触发器的 PLA 称为时序逻辑型 PLA。图 3-6 所示为时序逻辑型 PLA 结构图，它由可编程的与阵列、或阵列和触发器存储电路构成。

PLA 可以设计出各种组合逻辑电路和时序电路，电路的功能越复杂，利用 PLA 的有时越显著。但由于 PLA 出现较早，当时 PC 机还未普及，因此缺少成熟的编程工具和高质量的配套软件，且速度、价格优势不明显，因而未能像 PAL、GAL 那样得到广泛应用。

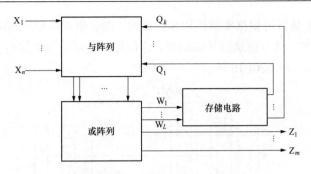

图 3-6　时序逻辑型 PLA 结构图

3.3　可编程阵列逻辑（PAL）

可编程阵列逻辑（Programmable Array Logic，PLA）器件是 20 世纪 70 年代末期推出的第一个具有典型实用意义的可编程逻辑器件。PAL 与 SSI 和 MSI 统一标准器件相比有许多优点：提高了功能密度，节省了空间。通常一片 PAL 可以代替 4～12 片 SSI 或 2 片 MSI。虽然 PAL 只有 20 多种型号，但可以代替 90% 的通用 SSI 和 MSI 器件，因而进行系统设计时，可以大大减少器件的种类。采用熔丝式双极型工艺，增强了设计的灵活性，且编程和使用都比较方便。具有上电复位功能和加密功能，可以防止非法复制。在数字系统开发中采用 PAL，有利于简化和缩短开发过程，减少元器件数量，简化印刷电路板的设计，提高系统可靠性，因而它得到了广泛的应用。PAL 的主要不足是采用了熔丝式双极型工艺，只能一次性编程。另外 PAL 器件输出电路结构的类型繁多，也给设计和使用带来不便。

PAL 由可编程的与门阵列和固定的或门阵列构成。或门阵列中每个或门的输入与固定个数的与门输出（地址输入变量构成的与项）相连，每个或门的输出是若干个与项之和。由于与门阵列是可编程的，与项的内容可由用户自行定义，所以 PAL 可以实现各种逻辑关系。

PAL 器件根据输出及反馈电路的结构分为几种基本结构：专用输出结构、可编程输入/输出结构、带反馈的寄存器结构、带异或的寄存器结构等。

1. 专用输出结构

这种结构的输出只能输出信号，不能做反馈输入，图 3-7 所示为具有 4 个乘积项的或非门输出结构。输入信号经过输入缓冲器与输入行相连。图中的输出部分采用或非门，输出低电平有效。若是输出部分采用或门，则输出高电平有效。有的器件还用互补输出的或门，则称为互补型输出。这种输出结构只适用于实现组合逻辑函数。目前常用的产品有 PAL10H8（10输入，8 输出，高电平有效）、PAL10L8 和 PAL16C1（16 输入，1 个输出，互补型）输出等。

专用输出型 PAL 器件输入和输出引出端是固定的，不能由设计者自行定义，因此在使用中缺乏一定的灵活性。这类器件只适用于简单的组合逻辑电路设计。

2. 可编程输入/输出结构

可编程输入/输出结构如图 3-8 所示。图中或门经三态缓冲器由 I/O 端引出，三态门受第一个与门所对应的乘积项控制，I/O 端的信号也可以经过缓冲器反馈到与阵列的输入。当与门输出为 0 时，三态门禁止，输出呈高阻状态，I/O 引脚作输入使用；当与门输出为 1 时，三态门被选通，I/O 引脚作输出使用。与专用输出结构相比，这种 PAL 器件的引出端配置灵活，其输入/输出引出端的数目可根据实际应用加以改变，即提供双向输入/输出功能。利用可编程输入/输出型 PAL 器件，可方便地设计编码器，译码器，数据选择器等组合逻辑电路。这种结构的产品有 PAL16L8、PAL20L10 等。

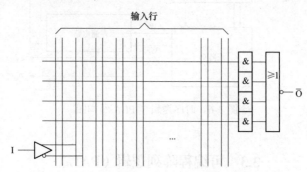

图 3-7　专用输出结构

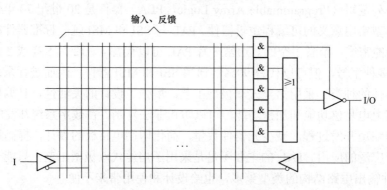

图 3-8　可编程输入/输出结构

3. 带反馈的寄存器结构

带反馈的寄存器结构如图 3-9 所示。这种结构输出端有一个 D 触发器，在时钟上升沿作用下先将或门的输出（输入乘积项的和）寄存在 D 触发器的 Q 端，当使能信号 EN 有效时，Q 端的信号经三态缓冲器反相后输出。触发器的 $\overline{Q}$ 输出还可以通过反馈缓冲器送至与阵列的输入端，因而这种结构的 PAL 能记忆原来的状态，且整个器件只有一个公用时钟脉冲 CP 和一个使能信号输入端，从而实现时序逻辑功能，因此可构成计数器、移位寄存器等同步时序逻辑电路。这种结构的 PAL 产品有 PAL16R4、PAL16R8 等。

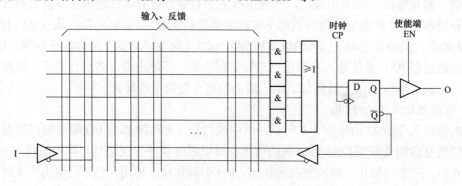

图 3-9　带反馈的寄存器结构

4. 带异或的寄存器结构

带异或的寄存器结构如图 3-10 所示。其输出部分有两个或门，他们的输出经异或门进行异或运算后再经 D 触发器和三态缓冲器输出。这种结构不仅便于对与—或逻辑阵列输出函数求反，还可以实现对寄存器状态进行保持操作。

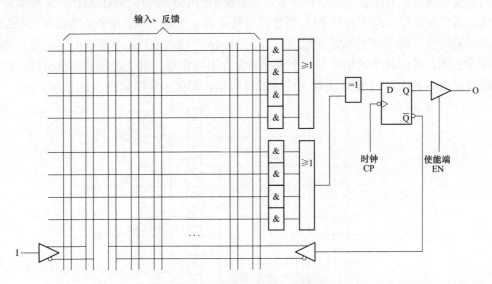

图 3-10 带异或的寄存器结构

利用这类 PAL 器件，可使一些计数器和时序逻辑电路的设计得到简化。这种机构的 PAL 产品有 PAL20X4、PAL20X8 等。

PAL 器件除了以上几种结构外，还有算数选通反馈结构、可编程继承权输出型、乘积项公用输出型和宏单元输出型等。另外，PAL 产品有 20 多种不同型号可供用户选用。

【例 3-2】 用 PAL 器件设计一个 3 线-8 线译码器。

解 设输入选通端为 $\overline{EN}$，译码器的地址输入为 A_0、A_1 和 A_2，其输出为 $\overline{Y}_0 \sim \overline{Y}_7$。3 线-8 线译码器的真值表如表 3-2 所示。

表 3-2   3 线-8 线译码器的真值表

输 入				输　　　出							
$\overline{EN}$	A_2	A_1	A_0	$\overline{Y}_0$	$\overline{Y}_1$	$\overline{Y}_2$	$\overline{Y}_3$	$\overline{Y}_4$	$\overline{Y}_5$	$\overline{Y}_6$	$\overline{Y}_7$
1	×	×	×	1	1	1	1	1	1	1	1
0	0	0	0	0	1	1	1	1	1	1	1
0	0	0	1	1	0	1	1	1	1	1	1
0	0	1	0	1	1	0	1	1	1	1	1
0	0	1	1	1	1	1	0	1	1	1	1
0	1	0	0	1	1	1	1	0	1	1	1
0	1	0	1	1	1	1	1	1	0	1	1
0	1	1	0	1	1	1	1	1	1	0	1
0	1	1	1	1	1	1	1	1	1	1	0

由表 3-2 可知，当输入选通端 $\overline{EN}$ 为 0，3 线-8 线译码器输出表达式为

$$\overline{Y_0} = \overline{\overline{A_2}\,\overline{A_1}\,\overline{A_0}}, \quad \overline{Y_1} = \overline{\overline{A_2}\,\overline{A_1}A_0}, \quad \overline{Y_2} = \overline{\overline{A_2}A_1\overline{A_0}}, \quad \overline{Y_3} = \overline{\overline{A_2}A_1A_0},$$

$$\overline{Y_4} = \overline{A_2\overline{A_1}\,\overline{A_0}}, \quad \overline{Y_5} = \overline{A_2\overline{A_1}A_0}, \quad \overline{Y_6} = \overline{A_2A_1\overline{A_0}}, \quad Y_7 = \overline{A_2A_1A_0}$$

因为输出表达式为组合型负逻辑函数，需要输出低电平有效的 PAL 器件；又要求具有使能输出，需要带输出三态控制的 PAL 器件；另外需要 4 个输入端，8 个是输出端。PAL16L8 器件为可编程输入/输出型结构的 PAL 器件，它由 16 个输入端、8 个是输出端。每个输出中有 8 个乘积项，其中每个输出中第一个乘积项为专用乘积项，用于控制三态输出缓冲器的输出。故可以选用 PAL16L8 器件实现 3 线-8 线译码器。简化示意图如图 3-11 所示。

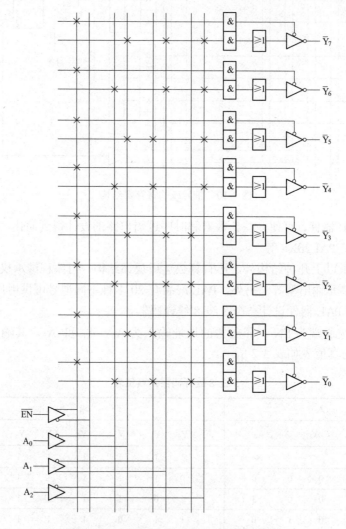

图 3-11　用 PAL16L8 实现 3 线-8 线译码器

3.4　通用阵列逻辑（GAL）

通用阵列逻辑（Generic Array Logic，GAL）是 Lattice 公司在 1985 年推出的一种新型

可编程逻辑器件。它采用了电擦除。电可编程的 EECMOS 工艺制作，可以用电信号擦除并反复编程上百次。GAL 器件的输出端设置了可编程的输出逻辑宏单元（OLMC－OutputLogicMacroCell），通过编程可以将那个 OLMC 设置成不同的输出方式。GAL 器件能够一次实现 PAL 器件所有的输出工作模式，几乎可以取代所有的中小规模数字集成电路和 PAL 器件，故称为通用可编程逻辑器件。GAL 器件可分为 3 种基本结构：即 PAL 型 GAL 器件，如 GAL16V8、GAL20V8，其与或结构与 PAL 相似；在系统编程型 GAL 器件，如 ispGAL16Z8，ispGAL22V10；FPLA 器件，如 GAL39V8，其与或阵列均可编程。GAL 器件具有以下优点。

（1）采用电擦除工艺和高速编程方法，使器件擦除改写方便、快速、改写整个芯片只需要几秒钟，一片可改写 100 次以上。

（2）采用先进的 EECMOS 工艺，使 GAL 器件既有双极型器件的高速性能，又有 CMOS 器件功耗低的优点。存取速度为几十纳秒，功耗仅为双极型 PAL 器件的几分之一，编程数据可保存 20 年以上。

（3）采用可编程逻辑宏单元（OLMC），使器件结构灵活，通用性强。少数几种 GAL 器件几乎可取代大多数的中、小规模数字集成电路和 PAL。

（4）具有加密功能，可有效放置电路设计被非法抄袭；具有电子标签，便于文档管理，提高生产效率。

GAL16V8 器件逻辑结构图如图 3-12 所示。该器件有 8 个输入缓冲器，8 个三态输出缓冲器，8 个输出反馈/输入缓冲器，1 个系统时钟输入缓冲器和 1 个三态输出使能输入缓冲器；与阵列由 8×8 个与门构成，共形成 64 个乘积项，每个乘积项有 32 个输入项，由 8 个输入的原变量、反变量和 8 个反馈信号的原变量、反变量组成，故可编程与阵列共有 32×8×8＝2048 个可编程单元；8 个输出逻辑宏单元 OLMC，前 3 个和后 3 个 OLMC 输出端，都有反馈线接到邻近单元的 OLMC。在 GAL16V8 中，除了 8 个引出端是固定作为输入端外，还可将其他 8 个双向输入/输出引出端配置成输入模式。因此，GAL16V8 最多可由 16 个引出端作为输入，而输出端最多为 8 个，这也是器件型号中两个数字的含义。PAL 型 GAL 器件和一般 GAL 器件在结构上主要不同是输出结构可多次编程和改写，根据需要可构成多种形式的输出结构。

GAL16V8 中除了逻辑阵列以外，还有一些可编程单元。GAL 的逻辑功能、工作模式都是靠编程来实现的。编程时写入的数据按行安排，共分 64 行，供用户使用的有 36 行。可编程的地址分配和功能划分如图 3-13 所示。因为它并不是实际的空间布局图，所以也成为行地址映射图。

图 3-13 中所示移位寄存器是一个高速串行移位寄存器，共 82 位。SCLK 是失踪输入端 SDI 是串行数据输入端，SDO 是串行数据输出端。移位寄存器用于编程数据流的输入和校验。对 GAL 器件编程是逐行进行的，编程数据以串行方式从 SDI 输入到移位寄存器，寄存器装满一次，就并行的写入到指定的一行中。校验时，指定行的已编程数据并行装入移位寄存器，然后已串行方式从 SDO 输出。

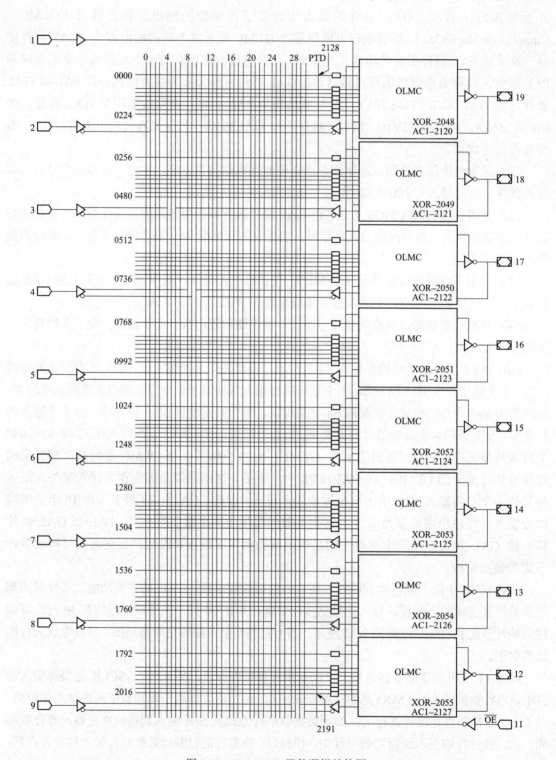

图 3-12   GAL16V8 器件逻辑结构图

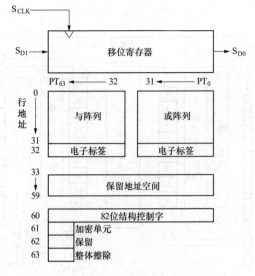

图 3-13   可编程单元地址分配图

3.5   在系统可编程逻辑器件（ISPPLD）

上述 PLA、PAL 和 GAL 等可编程逻辑器件编程时，都要把它们从系统的电路上取下来，插到编程器上，由编程器对器件实施"离线"编程。这种编程方式不方便。在系统可编程逻辑器件（ISP-PLD）是 20 世纪 90 年代推出的一种高性能大规模数字集成电路，它成功地将原属于编程器的有关电路也集成 于 ISP－PLD 中。因此，ISP－PLD 的最大特点是，编程时不需要使用编程器，也不需要将器件从系统的电路板上取下，用户可以直接在系统上进行编程。

可编程逻辑器件从"离线"编程发展到"在线"编程，具有重要意义，它改变了产品生产的先编程后装配的惯例，可以先将器件全部安装在电路底板上，然后编程制成成品。这就简化了产品设计和生产设计流程，降低了产品成本。成为产品后还可以"在线"反复编程，修改逻辑设计，重构逻辑系统，实现新的逻辑功能，对产品实行升级换代。

在系统编程技术，更新了人们的设计观念，为电子设计自动化（EDA）开创了新的途径。

ISP-PLD 有低密度和高密度两种类型。后者比前者复杂得多，功能也更强，也称为复杂可编程逻辑器件（CPLD）。

低密度 ISP-PLD 是在 GAL 的基础上增加了写入/擦除控制电路而构成的。例如，ispGAL16Z8 有正常、诊断和编程三种工作方式，工作方式由输入控制信号指定。在正常工作状态时，与上述的 Gal16V8 的工作状态相同。

在高密度 ISP-PLD 中，以 ispLSI1016 为例作一简单介绍。它的电路结构框图和逻辑功能划分框图分别如图 3-14 和图 3-15 所示。

由图 3-14 可见，ispLSI1016 芯片有 $A_0 \sim A_7$ 和 $B_0 \sim B_7$ 共 16 个通用逻辑快 GLB（GenericLogic Block）、32 个输入/输出单元 IOC（I/O Cell）、全局布线区 GRP（Global Routing Pool）、时钟脉冲分配网络 CDN（Clock Distribution Network）和编程控制电路。$N_0 \sim N_3$ 是 4

个专用输入。

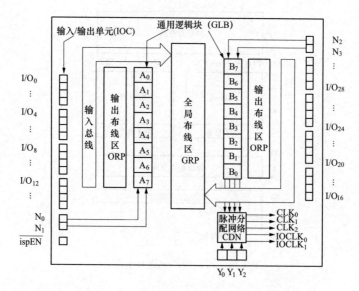

图 3-14　ispLSI1016 的电路结构框图

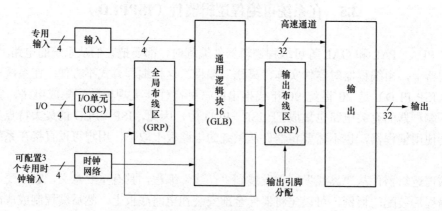

图 3-15　ispLSI1016 的逻辑功能划分框图

1. 全局布线区 GRP

GRP 位于芯片中央。通过编程，可将 16 个 GLB 互相连接以及与 IOC 和 ORP 连接，任何一个 GLB 能与任何一个 IOC 相连。

2. 通用逻辑块 GLB

GLB 位于 GRP 的两边，每边 8 块，共 16 块。GLB 主要由可编程的与阵列、乘积项共享的或阵列和四输出逻辑宏单 OLMC 三部分组成，如图 3-16 所示。它的与阵列由 18 个输入端，其中 16 个来自 GRP，2 个是专用输入。每个 GLB 有 20 个与门，组成 20 个乘积项。4 个或门的输入按 4、4、5、7 配置，它们的 4 个输出送至 4 个输出逻辑宏单元 OLMC，OLMC 的 4 个输出送至 GRP、ORP 和 IOC。

3. 输出布线区 ORP

ORP 是可编程互连阵列，阵列的输入是 8 个 GLB 的 32 个输出。阵列的 16 个输出端分别与该侧的 16 个 IOC 相连，这就是把 GLB 的输出信号连接到 IOC。不仅可以将一个 GLB

的输出送至 16 个 IOC 的某一个，还可以通过输入总线和 GRP 送至另一侧的 16 个 IOC。ORP 逻辑功能的示意图如图 3-17 所示。

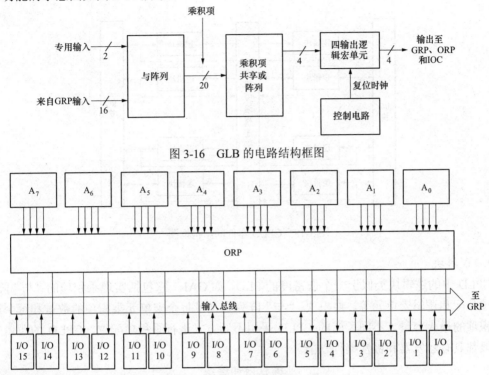

图 3-16 GLB 的电路结构框图

图 3-17 ORP 逻辑功能的示意图

4. 时钟脉冲分配网络 CDN

CDN 产生 5 个时钟脉冲：CLK_0、CLK_1、CLK_2、$IOCLK_0$、$IOCLK_1$，前 3 个作为 GLB 的时钟信号，后 2 个提供给 IOC。CDN 的输入信号由三个专用输入端 Y_0、Y_1、Y_2 提供，其中 Y_1 兼有时钟和复位的功能。

5. 编程使能信号 ispEN

ispEN＝1 时，器件为正常工作状态；ispEN＝0 时，所有 IOC 的三态输出缓冲器均被置成高阻态，并允许器件进入编程状态。

ISP-PLD 的应用提高了数字系统的电子设计自动化水平，同时也为系统的安装、调试、修改进一步提供了方便和灵活性。

3.6 复杂可编程逻辑器件（CPLD）

复杂可编程逻辑器件（CPLD）是在简单 PLD 的概念基础上做了进一步的扩展，从而改善了系统的性能，提高了器件的集成度，使印刷电路板的面积缩小，可靠性提高，成本降低。和简单 PLD 相比，CPLD 有更多的输入信号、更多的乘积项和宏单元。

目前，生产 CPLD 器件的公司主要有美国的 Altera、AMD、Lattice 和 Xilinx 等公司。尽管各厂商所生产的器件结构千差万别，但它们仍有共同之处，图 3-18 是一般 CPLD 器件的结构框图。其中逻辑块就相当于一个 GAL 器件，CPLD 中有多个逻辑块，这些逻辑块之间可以使用可编程内部连线实现相互连接。为了增强对 I/O 的控制能力，提高引脚的适应性，CPLD 中还增加了 I/O 控制块。每个 I/O 控制块中有若干个 I/O 单元。

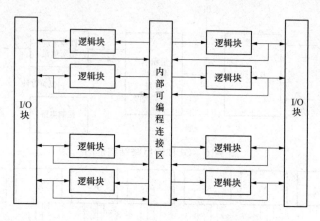

图 3-18 CPLD 器件的结构框图

1. 逻辑块

CPLD 中的逻辑块类似于一个低密度的 PLD，如 GAL。它包括实现乘积项的"与"阵列、乘积项分配和逻辑宏单元等。乘积项 "与" 阵列定义了每个宏单元乘积项的数量和每个逻辑块乘积项的最大容量。不同厂商的 CPLD 采用不同方式进行乘积项配置。CPLD 的逻辑宏单元一般都具有触发器和极性编程功能。

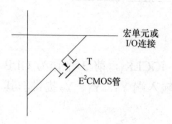

图 3-19 可编程内部连线原理图

2. 可编程内部连线

可编程内部连线的作用是实现逻辑块与逻辑块之间、逻辑块与 I/O 块之间以及全局信号到逻辑块和 I/O 块之间的连接。连接区的可编程连接一般由 E^2CMOS 管实现，其原理如图 3-19 所示，当 E^2CMOS 管被编程为导通时，纵线和横线连通；被编程为截止时，则不通。

3. I/O 单元

I/O 单元是 CPLD 外部封装引脚和内部逻辑间的接口。每个 I/O 单元对应一个封装引脚，通过对 I/O 单元中可编程单元的编程，可将引脚定义为输入、输出和双向功能。

3.7   在系统可编程通用数字开关（ispGDS）

当一个数字系统由多片 ISP-PLD 组成时，若要改变电路的逻辑功能，不仅要重新设置每个 ISP-PLD 的组态，还要改变它们之间的连接及其外围电路的连接，这些外围电路有负载电路、显示器件等。为满足这一需要，Lattice 公司生产了在系统可编程通用数字开关，简称 ispGDS，在系统可编程数字开关 ispGDS 系列器件的出现标志着 ISP 技术已经从系统逻辑领域扩展到了系统互连领域。这种 ISP 技术和开关矩阵相结合的产物可在不拨动机械开关或不改变系统硬件的情况下，快速改变或重构印制电路板的连接关系；此外这种高速低功耗的可编程数字开关器件还具有各种矩阵尺寸和封装形式，从而增加了系统的灵活性。

现以 ispGDS22 为例介绍其结构与工作原理，图 3-20 为 ispGDS22 的结构框图，它由可编程开关矩阵和一些输入/输出单元 IOC 组成。

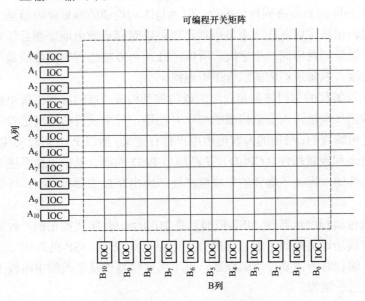

图 3-20　ispGDS22 的结构框图

可编程开关矩阵中每个交叉点是否接通，可用一位编程单元的状态来控制。这样，通过编程的方法可将 A 列中某一个 IOC 与 B 列中某一个 IOC 接通。IOC 的电路结构如图 3-21 所示。当 $C_0=0$ 时，电路为输出方式，输出端的三态缓冲器为工作状态。这时，4 选 1 数据选择器选中 1 个，经三态缓冲器送到输出端。数据选择器由 C_2C_1 编程选择。当 $C_2C_1=11$ 时，输出为开关矩阵的输入信号；当 $C_2C_1=10$ 时，将开关矩阵的输入信号反相后输出；当 C_2C_1 为 01 或 00 时，输出端相应设置成高电平或低电平输出。当 $C_0=1$ 时，三态缓冲器为禁止状态（及其输出端为高阻状态），并设 $C_1=0$ 时可使开关矩阵信号直接与 I/O 端口相通。

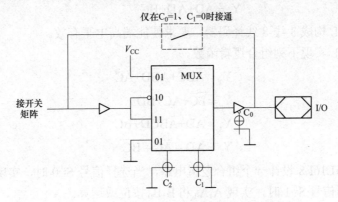

图 3-21　IOC 的电路结构图

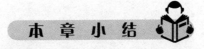

本 章 小 结

（1）可编程逻辑器件（PLD）是由与阵列、或阵列和输入输出电路组成。与阵列用于产生逻辑函数的乘积项，或阵列用于获得积之和，因此，可编程逻辑器件可实现一切复杂的组合逻辑电路。

（2）PLA 的与阵列和或阵列均可编程，但由与阵列构成的地址译码器是一个非完全译码器，它的每一根输出线可以对应一个最小项，也可以对应一个由地址变量任意组成的与项。因此允许用多个地址码对应同一个字线。所以，PLA 可以根据逻辑函数的最简与或式，直接产生所需要的与项，以实现相应的组合逻辑电路。

（3）PAL 由可编程的与门阵列和固定的或门阵列构成。或门阵列中每个或门的输入与固定个数的与门输出（地址输入变量构成的与项）相连，每个或门的输出是若干个与项之和。由于与门阵列是可编程的，与项的内容可由用户自行定义，所以 PAL 可以实现各种逻辑关系。

（4）复杂可编程逻辑器件（CPLD）是在简单 PLD 的概念基础上做了进一步的扩展，从而改善了系统的性能，提高了器件的集成度，使印刷电路板的面积缩小，可靠性提高，成本降低。

（5）在系统可编程逻辑器件（ISP-PLD）是 20 世纪 90 年代推出的一种高性能大规模数字集成电路，它成功地将原属于编程器的有关电路也集成 于 ISP-PLD 中。因此，ISP-PLD 的最大特点是，编程时不需要使用编程器，也不需要将器件从系统的电路板上取下，用户可以直接在系统上进行编程。

习　题

3-1　用 PLA 实现 4 位二进制码转换为格雷码的代码转换电路。

3-2　试用 PLA 实现下列组合逻辑函数。

$$Y_0 = AB\overline{C} + A\overline{B}\overline{D} + CD$$

$$Y_1 = \overline{A}\,\overline{B}\overline{C} + ACD + B\overline{D}$$

$$Y_2 = A\overline{B}D + \overline{A}BCD + \overline{B}C\overline{D}$$

$$Y_3 = AD + \overline{A}\overline{D} + BC$$

3-3　试用 PAL 构成 3 线-8 线译码器，要求使能端高电平有效。

3-4　试用 PAL 实现下列组合逻辑函数。

$$Y_0 = \overline{A}B\overline{C} + A\overline{B}D + AC$$

$$Y_1 = \overline{B}\overline{C} + AC + BD$$

$$Y_2 = AD + \overline{A}BCD + BC$$

$$Y_3 = A\overline{D} + \overline{A}C + B\overline{C}$$

3-5　试用 GAL16L8 设计一个组合逻辑电路，当选择信号 S=0 时，实现 A_1A_0 和 B_1B_0 按位与运算，当选择信号 S=1 时，实现 A_1A_0 和 B_1B_0 按位或运算。

第4章 现场可编程门阵列

现场可编程门阵列（FPGA，Field Programmable Gate Array）是美国 Xilinx 公司在 20 世纪 80 年代中期率先推出的一种高密度可编程逻辑器件，它综合了低密度 PLD 的优点，由掩膜门阵列（GA）演变而来。FPGA 既有 GA 高集成度和通用性的特点，又具有 PLD 可编程的灵活性。与低密度 PLD 相比，FPGA 不受"与-或"阵列结构、触发器和 I/O 端数量的限制，所完成的复杂逻辑电路是通过内部逻辑单元之间的连接来实现的。因此，它的规模更大、速度更快、功耗更低、功能更强、适应性更加广泛。目前已有多家 PLD 公司生产高密度、高性能的 FPGA 系列产品，它们现已成为设计数字电路、大型数字系统和专用集成电路的首选器件之一。

4.1 FPGA 概 述

美国 Xilinx 公司于 1985 年推出了世界上第一片 FPGA。进入 21 世纪之后，以 FPGA 为核心的单片系统（SOC）和可编程系统（SOPC）有了显著的发展，FPGA 在结构上已经实现了复杂系统所需要的主要功能，并将多种功能集成在一片 FPGA 器件中，如嵌入式存储器、嵌入式乘法器、嵌入式处理器、高速 I/O 缓冲器、外置存储器接口和实现数字信号处理的 DSP 等功能。

随着 FPGA 性能的不断完善，FPGA 器件的种类日益丰富，受到世界范围内电子设计人员的普遍欢迎，并占据了较大的市场。目前 FPGA 的生产厂商有十几家，国内市场上 FPGA 产品主要来自 Xilinx、Intel（Altera 已被 Intel 收购）和 Lattice 这 3 家公司。

4.1.1 Xilinx 公司产品

Xilinx 公司的主流 FPGA 产品分为两大类，一种侧重于低成本应用，容量中等，性能可以满足一般的逻辑设计要求，如 Spartan 系列；另外一种侧重于高性能应用，容量大，性能能满足各类高端应用，如 Virtex 系列。用户可以根据自己实际应用要求进行选择，在性能可以满足的情况下，优先选择低成本器件。

1. Spartan 系列

Spartan 系列是 Xilinx 公司目前性价比较高的产品，该系列的器件在消费电子、汽车电子和工业领域的应用相对比较广泛。

Spartan 6 系列 FPGA 是 Xilinx 公司于 2010 年推出的 FPGA 产品，在国内目前应用还是比较广的。Spartan 6 系列基于 45nm 工艺制造，内部资源丰富，最多达 576 个用户可编程 I/O 端口，最多可支持 40 种 I/O 电平标准、内部包含高达 4.8Mbit 的嵌入式 Block RAM，内部可配置 MicroBlaze 软核处理器。Spartan 6 系列 FPGA 内部资源分配见表 4-1。

表 4-1　　　　　　　　　　　Spartan 6 系列 FPGA 内部资源分配

型号	Slices	Logic Cells	CLB Flip-Flops	Max. Distributed RAM （Kb）	Block RAM （18 Kb each）	DSP Slices	C M T	Max. Single-Ended I/O Pins	Max. Differential I/O Pairs
XC6SLX4	600	3840	4800	75	12	8	2	132	66
XC6SLX9	1430	9152	11440	90	32	16	2	200	10
XC6SLX16	2278	14579	18224	136	32	32	2	232	116
XC6SLX25	3758	24051	30064	229	52	38	2	266	133
XC6SLX45	6822	43661	54576	401	116	58	4	358	179
XC6SLX75	11662	74637	93296	692	172	132	6	408	204
XC6SLX100	15822	101261	126576	976	268	180	6	480	240
XC6SLX150	23038	147443	184304	1355	268	180	6	576	288
XC6SLX25T	3758	24051	30064	229	52	38	2	250	125
XC6SLX45T	6822	43661	54576	401	116	58	4	296	148
XC6SLX75T	11662	74637	93296	692	172	132	6	348	174
XC6SLX100T	15822	101261	126576	976	268	180	6	498	249
XC6SLX150T	23038	147443	184304	1355	268	180	6	540	270

　　Spartan 7 系列 FPGA 是 Xilinx 公司于 2015 年推出的 FPGA 产品，是 Xilinx 公司目前主推的产品，随着 2017 年 5 月 11 日 Xilinx 官方宣布 Spartan 7 进入量产阶段，Spartan 7 可能会逐渐取代 Spartan 6 的地位，成为国内 Xilinx 产品的新代表。Spartan 7 系列具有基于 28nm 技术的 800Mb /s DDR3 支持，功耗比 Spartan 6 系列产品减低一半，利用运行速率超过 200DMIPS 的 MicroBlaze 软核处理器将嵌入式处理能力提升到全新的高度。Spartan 7 系列 FPGA 内部资源分配见表 4-2。

表 4-2　　　　　　　　　　　Spartan 7 系列 FPGA 内部资源分配

型号	Slices	Logic Cells	CLB Flip-Flops	Max. Distributed RAM （Kb）	Block RAM /FIFO w/ ECC （36Kb each）	DSP Slices	C M T	Max. Single-Ended I/O Pins	Max. Differential I/O Pairs
XC7S6	938	6000	7500	70	5	10	2	100	48
XC7S15	2000	12800	16000	150	10	20	2	100	48
XC7S25	3650	23360	29200	313	45	80	3	150	72
XC7S50	8150	52160	65200	600	75	120	5	250	120
XC7S75	12000	76800	96000	832	90	140	8	400	192
XC7S100	16000	102400	128000	1100	120	160	8	400	192

2. Virtex 系列

　　Virtex 系列是 Xilinx 公司的高端产品，Virtex 系列的器件代表着 Xilinx 的最高水准。这个系列的器件一般应用于高速联网（10G～100G）、便携雷达和 ASIC 原型验证等高端应用领域，这些领域的特点是对资源数量和性能要求高，但是对功耗和成本不怎么敏感。

　　Virtex 7 系列与 Virtex 6 系列相比，系统性能提高 1 倍，功耗降低一半，信号处理能力提升 1.8 倍，I/O 带宽提升 1.6 倍，存储器带宽提升 2 倍；是业界密度最高的 FPGA，多达两百万个逻辑单元实现了突破性容量；采用 EasyPath-7 器件，无须任何设计转换就能确保将成本降低 35%；支持 400G 桥接和交换结构有线通信系统，是全球有线基础设施的核心；支持高级雷达系统和高性能计算机系统，能够满足单芯片 TeraMACC 信号处理能力的要求以及新一代测试测量设备的逻辑密度、性能和 I/O 带宽要求。Virtex 7 系列 FPGA 内部资源分配见表 4-3。

表 4-3   Virtex 7 系列 FPGA 内部资源分配

型号	Slices	Logic Cells	CLB Flip-Flops	Max. Distributed RAM（Kb）	Block RAM /FIFO w/ ECC (36Kb each)	DSP Slices	CMT	Max. Single-Ended I/O Pins	Max. Differential I/O Pairs
XC7V585T	91050	582720	728400	6938	795	1260	18	850	408
XC7V2000T	305400	1954560	2443200	21550	1292	2160	24	1200	576
XC7VX330T	51000	326400	408000	4388	750	1120	14	700	336
XC7VX415T	64400	412160	515200	6525	880	2160	12	600	288
XC7VX485T	75900	485760	607200	8175	1030	2800	14	700	336
XC7VX550T	86600	554240	692800	8725	1180	2880	20	600	288
XC7VX690T	108300	693120	866400	10888	1470	3600	20	1000	480
XC7VX980T	153000	979200	1224000	13838	1500	3600	18	900	432
XC7VX1140T	178000	1139200	1424000	17700	1880	3360	24	1100	528
XC7VH580T	90700	580480	725600	8850	940	1680	12	600	288
XC7VH870T	136900	876160	1095200	13275	1410	2520	18	300	144

除了前述的 Spartan 系列和 Virtex 系列，目前 Xilinx 公司的 FPGA 产品还有 Artix 系列和 Kintex 系列，这里不再赘述。

4.1.2 Intel（Altera）公司产品

Intel 公司在 2015 年以 167 亿美元收购了 Altera 公司之后，一跃成为全球第二大的可编程逻辑器件供应商。Intel（Altera）的 FPGA 产品分为低成本、中端和高端等系列，每个系列又不断更新换代，推陈出新，Intel（Altera）还与 TSMC（台积电）合作，在制作工艺上不断提升。

1. Cyclone 低成本 FPGA 家族系列

Cyclone 低成本 FPGA 家族系列从 I 代、II 代、III 代发展到 Cyclone IV、Cyclone V、Cyclone 10，每一代的推出年份和采用的工艺技术如表 4-4 所示。

表 4-4   Cyclone 低成本 FPGA 家族系列

器件系列	Cyclone	Cyclone II	Cyclone III	Cyclone IV	Cyclone V	Cyclone 10
推出年份	2002	2004	2007	2009	2011	2017
工艺技术（nm）	130	90	65	60	28	20

Cyclone 系列采用 130nm 工艺制作，CycloneII 系列的采用 90 nm 工艺制作。Cyclone 和 CycloneII 系列目前已停产。

Cyclone III 系列采用 65nm 低功耗工艺制作，能提供富的逻辑、存储器和 DSP 功能，Cyclone III FPGA 含有 5000～12 万逻辑单元（LE），288 个 DSP 乘法器，存储器大幅增加，每个 RAM 块增加到 9kbit，最大容量达到 4 Mbit，18 位乘法器数量也达到 288 个。

Cyclone IV 系列有两种型号，均采用 60nm 低功耗工艺。一种型号为 Cyclone IV GX，具有 150K 个逻辑单元（LE）、6.5 Mb RAM 和 360 个乘法器，8 个支持主流协议的 3.125Gbps 收发器，Cyclone IV GX 还为 PCI Express（PCIe）提供硬核 IP，其封装（Wirebond 封装）大小只有 11mm×11mm，非常适合低成本场合应用；另一个型号是 Cyclone IV E 系列，不带收发器，但它可以在 1.0V 和 1.2V 内核电压下使用，比 Cyclone IV GX 具有更低的功耗。

Cyclone V 系列在 2011 年推出，采用了 TSMC（台积电）的 28 nm 低功耗（28LP）工艺制作，面向低成本、低功耗应用，并提供集成收发器型号以及具有基于 ARM 的硬核处理器系统（HPS）的型号，HPS 包括处理器、外设和存储器控制器。

Cyclone 10 系列于 2017 年推出，Cyclone 10 系列分为 Cyclone 10 GX 和 Cyclone 10 LP 两个子系列。Cyclone 10 GX 支持 12.5 G 收发器、1.4 Gbps LVDS 和最高 72 位宽、1866Mbps DDR3 SDRAM 接口，逻辑容量从 85K 到 220K 个 LE 单元，性能已经接近中高端 FPGA 水平，适用于对成本敏感的高带宽、高性能应用，比如车载娱乐多媒体系统、工业视觉和机器人等。Cyclone 10 LP 适用于不需要高速收发器的低功耗、低成本应用，逻辑容量从 6K 到 120K 个 LE 单元，和上一代产品相比，静态功耗降低一半，成本也大幅降低。

2. Arria 中端 FPGA 家族系列

Arria 是面向中端应用的 FPGA 系列，用于对成本和功耗敏感的收发器以及嵌入式应用。Arria 系列每一代的推出年份和采用的工艺技术如表 4-5 所示。

表 4-5   **Arria 中端 FPGA 家族系列**

器件系列	Arria GX	Arria II GX	Arria II GZ	Arria V GX, GT, SX	Arria V GZ	Arria 10 GX, GT, SX
推出年份	2007	2009	2010	2011	2012	2013
工艺技术（nm）	90	40	40	28	28	20

Arria GX FPGA 系列于 2007 年推出，采用 90nm 工艺制作。收发器速率为 3.125Gbps，支持 PCIe、以太网、Serial RapidIO 等多种协议。

Arria II 系列基于 40nm 工艺，其架构包括 ALM、DSP 模块和嵌入式 RAM，以及 PCI Express 硬核。Arria II 包括两个型号：Arria II GX 和 Arria II GZ，后者功能更强一些。

Arria V GX 和 GT FPGA 使用了 28nm 低功耗工艺实现了低静态功耗，还提供速率达 10.3125 Gbps 的低功耗收发器，设计了具有硬核 IP 的优异架构，从而降低了动态功耗，还集成了 HPS（包括处理器、外设和存储器控制器）。

对于中端应用，Arria V GZ FPGA 实现了单位带宽最低功耗，收发器速率达到 12.5Gbps。在 10Gbps 数据速率，Arria V GZ FPGA 每通道功耗不到 180mW；在 12.5Gbps 数据速率，每通道功耗不到 200mW。Arria V GZ FPGA 的-3L 速率等级器件进一步降低了静态功耗。

Arria 10 系列在性能上超越了前一代高端 FPGA，而功耗低于前一代中端 FPGA，重塑了中端器件。Arria 10 器件采用了 20nm 工艺技术和高性能体系结构，其串行接口速率达到了 28.05Gbps，其硬核浮点 DSP 模块速率可达到每秒 1500G 次浮点运算（GFLOPS）。

3. Stratix 高端 FPGA 家族系列

Stratix 高端 FPGA 家族系列从 I 代、II 代发展到现在的 Stratix V、Stratix10 等，每一代

的推出年份和采用的工艺技术如表 4-6 所示。

表 4-6　　　　　　　　　　　　　Stratix 高端 FPGA 家族系列

器件系列	Stratix	Stratix II	Stratix III	Stratix IV	Stratix V	Stratix 10
推出年份	2002	2004	2006	2008	2010	2013
工艺技术（nm）	130	90	65	40	28	14

Stratix 系列是 2002 年推出的，采用 1.5 V、130 nm 全铜工艺制作，内部采用了 Direct Drive 技术和快速连续互连（MultiTrack）技术。Direct Drive 技术保证片内所有的函数可以直接连接使用同一布线资源，MultiTrack 互联技术可以根据走线的不同长度进行优化，改善内部模块之间的连线。

Stratix II 系列采用 1.2 V，90nm 工艺制作，容量从 15600～179400 个等效 LE 和多达 9Mb 的嵌入式 RAM。Stratix II 系列采用新的逻辑结构，与 Stratix 系列相比，性能平均提高了 50%，逻辑容量增加了 1 倍，并支持 500 MHz 的内部时钟频率。

Stratix III 系列采用 65nm 工艺制作，分为三个子系列：Stratix III 系列，主要用于标准型应用；Stratix III L 系列，侧重 DSP 应用，包含大量乘法单元和 RAM 资源；Stratix III GX 系列，集成高速串行收发模块。Stratix III FPGA 最大容量达到 338000 个逻辑单元，包含分布式 RAM，9Kb 和 144 Kb RAM 块，支持可调内核电压，自动功耗/速率调整。

Stratix IV 系列采用 40nm 工艺制作，芯片内集成了速度达到 11.3 Gbps 的收发器，可以实现单片系统（SoC）。

Stratix V 系列采用 TSMC（台积电）28nm 高 K 金属栅极工艺制作，达到 119 万个逻辑单元（LE）或者 14.3 M 个逻辑门；片内集成了 28.05 Gbps 和 14.1 Gbps 的高速收发器，1066 MHz 的 6×72DDR3 存储器接口；能提供嵌入式 HardCopy 模块和集成内核，以及 PCI Express Gen3、Gen2、Gen1 硬核。

Stratix 10 系列于 2013 年推出，采用了 Intel 14nm 三栅极制造工艺，最高达到 550 万个逻辑单元（LE），并可集成 1.5GHz 四核 64 位 ARM Cortex-A53 硬核处理器，能提供 144 个收发器，数据速率达到 30 Gbps；支持 2666 Mbps 的 DDR4，整体性能达到了新的高度。

4.1.3　Lattice 公司产品

Lattice 公司是 ISP 技术的发明者，ISP 技术极大地促进了 PLD 技术的发展。Lattice 公司目前提供四个系列的 FPGA：iCE、ECP、Mach 和 CrossLink。

1. iCE 系列

iCE 系列为目前业界尺寸最小的超低功耗 FPGA，也曾用在 iPhone7 里面。

2. ECP 系列

ECP 系列为互联&加速 FPGA，提供低成本、高密度的 FPGA 解决方案，而且还有高速 Serdes 等接口，适用于民品解决方案居多。

3. Mach 系列

Mach 系列为桥接&扩展 FPGA，是替代 CPLD 实现黏合逻辑的最佳选择。

4. CrossLink 系列

CrossLink 系列为通用的视频桥接 FPGA。

4.1.4 FPGA 的发展趋势

FPGA 自 1985 年问世以来，在不到 40 年的时间里已经取得了巨大的成功，在性能、成本、功耗、容量和编程能力方面不断提升。在未来的发展中，将呈现以下几个方面的趋势。

1. 向高密度、高速度、宽频带、高保密方向进一步发展

14nm 制作工艺目前已应用于 FPGA 器件，FPGA 在性能、容量方面取得的进步非常显著。在高速收发器方面 FPGA 也已取得了显著进步，可以解决音频、视频及数据处理的 I/O 带宽问题，这正是 FPGA 优于其他解决方案之处。

2. 向低电压、低功耗、低成本、低价格的方向发展

功耗已成为电子设计开发中的最重要考虑因素之一，影响着最终产品的体积、重量和效率。

FPGA 器件的内核电压呈不断降低的趋势，历经了 5V→3.3V→2.5V→1.8V-1.2V→1.0V 的演变，未来将会更低。工作电压的降低使得芯片的功耗显著减少，将使 FPGA 器件适用于便携、低功耗应用场合，如移动通信设备、个人数字助理等。

3. 向 IP 软/硬核复用、系统集成的方向发展

FPGA 平台已经广泛嵌入 RAM/ROM、FIFO 等存储器模块，以及 DSP 模块、硬件乘法器等，可实现快速的乘积累加操作；同时，越来越多的 FPGA 集成了硬核 CPU 子系统（ARM/MIPS/MCU）以及其他软核和硬核 IP，向系统集成的方向快速发展。

4. 向模数混合可编程方向发展

迄今为止，PLD 的开发和应用的大部分工作都集中在数字逻辑电路上，模拟电路及数模混合电路的可编程技术在未来将得到进一步发展。

5. FPGA 器件将在人工智能、云计算、物联网等领域大显身手

处理器+FPGA 的创新架构将极大提升数据处理的效能，并降低功耗，FPGA 器件将在人工智能、云计算、物联网等领域大显身手。

4.2 FPGA 的结构原理

4.2.1 查找表结构

大部分 FPGA 采用了查找表（LUT，Look Up Table）结构，查找表是 FPGA 实现逻辑函数的基本单元。查找表的原理类似于 ROM，其物理结构是静态存储器（SRAM），N 个输入变量的逻辑函数可以由一个 2^N 位容量的 SRAM 来实现，函数值存放在 SRAM 中，SRAM 的地址线起输入线的作用，地址即输入变量值，SRAM 的输出为逻辑函数值，由连线开关实现与其他功能块的连接。

查找表结构的功能非常强。N 个输入的查找表可以实现任意 N 个输入变量的组合逻辑函数。从理论上讲，只要能够增加输入信号线和扩大存储器容量，用查找表就可以实现任意输入变量的逻辑函数。但在实际应用中，查找表的规模受技术和成本因素的限制。每增加一个输入变量，查找表 SRAM 的容量就要扩大 1 倍，SRAM 的容量与输入变量数 N 的关系是容量=2^N 倍。8 个输入变量的查找表需要 256bit 容量的 SRAM，而 16 个输入变量的查找表则需要 65kbit 容量的 SRAM。在实际应用中 FPGA 器件的查找表的输入变量一般不超过 5 个，多于 5 个输入变量的逻辑函数可由多个查找表组合或级联实现。

如图 4-1 所示是用 2 输入查找表实现表 4-7 所示的 2 输入与门逻辑功能的示意图，2 输入查找表中有 4 个存储单元，用来存储真值表中的 4 个值，输入变量 A、B 作为查找表中数据选择器的地址输入端，根据变量 A、B 的取值组合从 4 个存储单元中选择一个作为查找表的输出，即实现了与门的逻辑功能。

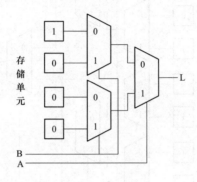

图 4-1 用 2 输入查找表实现与门逻辑功能

表 4-7   2 输入与门真值表

A	B	L
0	0	1
0	1	0
1	0	0
1	1	0

假如要用 3 输入的查找表实现一个 3 人表决电路，3 人表决电路的真值表如表 4-8 所示，用 3 输入的查找表实现该真值表的电路图如图 4-2 所示。3 输入查找表中有 8 个存储单元，分别用来存储真值表中的 8 个函数值，输入变量 A、B、C 作为查找表中数据选择器的地址输入端，根据变量 A、B、C 的取值组合从 8 个存储单元中选择一个作为查找表的输出，即实现了 3 人表决电路的逻辑功能。

表 4-8   3 人表决电路的真值表

A	B	C	L
0	0	0	0
0	0	1	0
0	1	0	0
0	1	1	1
1	0	0	0
1	0	1	1
1	1	0	1
1	1	1	1

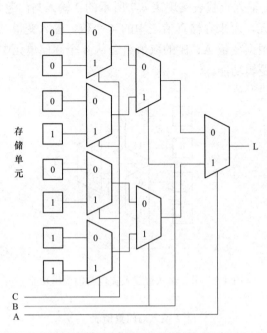

图 4-2　用 3 输入查找表实现 3 人表决电路

综上所述，一个 N 输入查找表可以实现 N 个输入变量的任何逻辑功能。

在 FPGA 的逻辑块中，除了包含查找表（LUT）外，一般还包含触发器，如图 4-3 所示。加入触发器的作用是将 LUT 输出的值保存起来，用以实现时序逻辑电路。当然也可以将触发器旁路掉，以实现纯组合逻辑功能，在图 4-3 所示的电路中，2 选 1 数据选择器的作用就是旁路触发器的。输出端一般还加一个三态缓冲器，以使输出更加灵活。

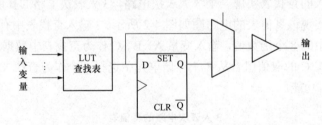

图 4-3　FPGA 的逻辑块结构示意图

FPGA 器件的规模可以做得非常大，其内部主要由大量纵横排列的可配置的逻辑块（CLB，Configurable Logic Block）、可编程布线资源（PI，Programmable Interconnection）和可编程的输入输出模块（IOB，Input/Output Block）三部分组成。如图 4-4 所示是 FPGA 器件的内部结构示意图，很多 FPGA 器件的结构都可以用该图来表示，比如 Xilinx 的 XC4000、Spartan 等器件，以及 Intel（Altera）的 Cyclone、FLEX10K、ACEX1K 等器件。

4.2.2　典型 FPGA 的结构原理

目前，FPGA 产品种类繁多，各生产厂商的产品也各不相同。下面以 XC4000 系列器件为例说明 FPGA 的结构原理。实际使用时，用户必须根据所选用的器件型号查阅相关的数据手册。

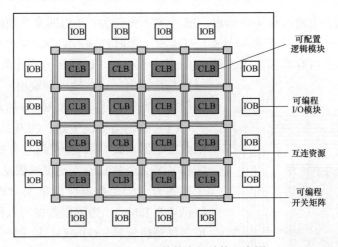

图 4-4　FPGA 器件的内部结构示意图

XC4000 系列器件属于中等规模的 FPGA 器件，芯片的规模从 XC4013 到 XC40250，分别对应 2 万至 25 万个等效逻辑门，其基本结构如图 4-4 所示。主要由可配置的逻辑模块（CLB）、可编程布线资源（PI）和可编程的输入输出模块（IOB）三部分组成。

1. 可配置的逻辑模块

可配置的逻辑模块（CLB）是 FPGA 的基本逻辑单元电路。作为 FPGA 的重要组成部分，CLB 以阵列的形式分布在芯片的中部，用来实现各种逻辑函数，其中包括组合逻辑、时序逻辑、RAM 及各种运算功能。

CLB 的基本结构如图 4-5 所示。每个 CLB 主要由可编程函数发生器、触发器、快速进位逻辑电路（图中未画出）、内部连接逻辑和其他控制电路组成。

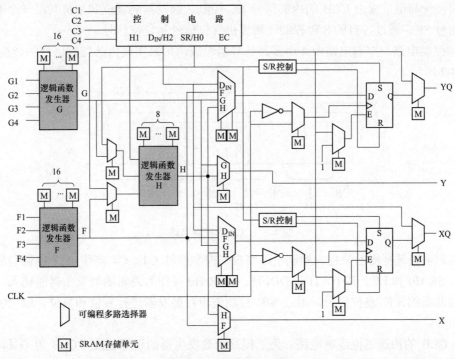

图 4-5　CLB 的基本结构

CLB 中共有 13 个输入和 4 个输出。13 个输入分别为：2 组四变量逻辑函数发生器的输入 G1～G4 和 F1～F4、4 个控制信号 C1～C4 和 1 个时钟输入 CLK。4 个输出包括：2 个组合输出 X 和 Y、2 个寄存器输出 XQ 和 YQ。其中 XQ 和 YQ 还可分别作为 DIN/H2 和 EC 信号的直接输出。这些输入和输出可与 CLB 周围的可编程布线资源相连接，如图 4-6 所示。

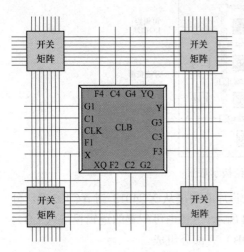

图 4-6　CLB 与布线资源互连关系

（1）逻辑函数发生器。CLB 提供 3 个可编程的函数发生器，可对输入变量进行各种逻辑运算。其中，G 和 F 是 2 个独立的 4 变量函数发生器，每个函数发生器各有 16 个数据存储单元，即查找表（LUT，Look-UP Table）。当编程数据写入存储单元时，可实现多种逻辑运算。G1～G4 和 F1～F4 分别为函数发生器 G 和 F 的数据输入，而输出分别用 G 和 F 表示。函数发生器 H 为 3 变量函数发生器，其中一个输入取自 H1，而另外两个分别由多路选择器控制，可选择 G 或 H0，以及 F 或 H2。通过 3 个函数发生器的组合，可使 CLB 实现多种形式的组合逻辑函数。例如，实现 2 个独立的 4 输入变量的逻辑函数，或者实现任意 5 输入变量的逻辑函数，甚至可实现 9 输入变量的逻辑函数。

（2）逻辑函数发生器。CLB 中有 2 个 D 触发器，它们的输入信号为 D，可通过四选一多路选择器，在 DIN、F、G 和 H 中进行选择。CLB 的公用时钟为 CLK，可通过各自的选择器为每个触发器提供上升沿触发或下降沿触发的时钟信号。触发器的选通信号为 E，可通过选择器直接接受高电平或由 CLB 的内部信号 EC 控制。触发器的置位和复位共用一个 CLB 内部控制信号 SR，通过各自的 S/R 控制逻辑提供置位信号和复位信号。

（3）控制电路。控制电路由 4 个多路选择器组成，用来实现内部控制信号的转换，其结构如图 4-7 所示。

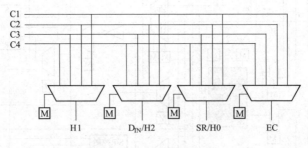

图 4-7　CLB 的控制电路

通过对多路选择器的编程，控制电路将根据控制信号 C1～C4 产生 4 个内部信号 H1、DIN/H2、SR/H0 和 EC。其中，H1、DIN/H2 和 SR/H0 可作为逻辑函数发生器的输入，SR/H0 可作为触发器的置位/复位信号，通过 S/R 控制逻辑对触发器进行置位和复位。EC 为触发器的选通信号。

（4）CLB 的快速进位逻辑电路。为了提高函数发生器的运算速度，CLB 为 G 和 F 两个函数发生器提供了实现进位、借位功能的快速进位逻辑电路，如图 4-8 所示。除了两个加数外，还设有两个进位输入和两个进位输出，而两个 4 输入函数发生器 G 和 F 可设置成具有固定隐含进位的两位加法器，同时可以扩展到任意长度。快速进位逻辑电路对加速算术运算、完成多位二进制加法器和长计数器的计数非常有利。

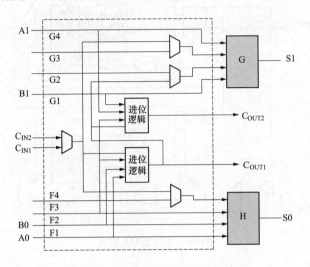

图 4-8   CLB 的快速进位逻辑电路

（5）CLB 的 RAM 组态。除了实现组合逻辑和时序逻辑功能外，CLB 可以利用 G 和 F 中的各 16 个可编程数据存储单元，实现片内读/写存储器的功能，构成两个容量为 16×1 位或一个 32×1 位的 RAM。数据的写入可采用边沿触发或电平触发，所构成的 RAM 具有单口和双口两种模式。CLB 构成 RAM 的容量、触发方式和单/双口模式的关系表如表 4-9 所示。

表 4-9   **CLB 构成 RAM 的容量、触发方式和单/双口模式的关系表**

模式	容量			触发方式	
	16×1 位	16×2 位	32×1 位	边沿触发	电平触发
单口 RAM	√	√	√	√	√
双口 RAM	√			√	

1）单口 RAM 模式。如果 CLB 工作在单口模式，可构成两个 16×1 位的 RAM 或一个 16×2 位的 RAM。其原理框图如图 4-9 所示。此时，CLB 内部信号 H1、DIN/H2、SR/H0 分别作为写使能信号 WE 和两个数据输入 D1、D0。时钟信号 CLK 作为写入操作的时钟脉冲。函数发生器的输入 G1～G4 和 F1～F4 分别作为两个 RAM 的地址输入，而输出 G 和 F 分别为两个 RAM 的数据输出。

当进行写操作时，地址信号 G1～G4、F1～F4 经写地址译码器译码，分别选通各自要写入的存储单元，在写使能信号 WE 和写时钟脉冲 CLK 的控制下，将数据 D1、D0 分别写入 G 和 F 的存储单元。

当读操作时，只要在地址线 G1～G4、F1～F4 上给出读地址信号，读出数据便可从指定的存储单元中读出。

若将地址信号 G1～G4 和 F1～F4 并在一起，便可组成 16×2 位的单口 RAM。

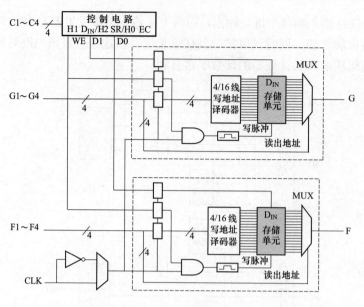

图 4-9　单口 RAM 模式

2）双口 RAM 模式。双口 RAM 具有同时进行读操作和写操作的功能。CLB 所构成的双口 RAM 的原理框图如图 4-10 所示。数据的读、写操作由 G 来完成，并且读、写地址线是独立的，读地址线取自 G1～G4，而写地址信号由 F1～F4 提供。写数据输入信号 D0 取自内部信号 SR/H0，经 DIN 端写入 G 的存储单元。读出的数据取自 G 的输出端。这样便可对 G 同时进行读/写操作，实现 CLB 的双口 RAM 模式。

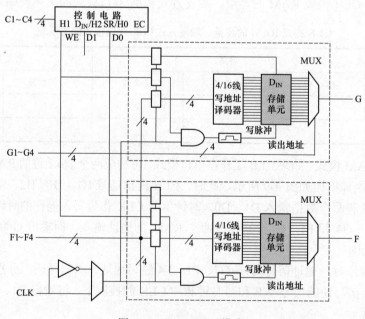

图 4-10　双口 RAM 模式

2. 输入/输出模块

输入/输出模块（IOB）是 FPGA 外部引脚与内部逻辑之间的接口电路，它分布在芯片的四周，每一个 IOB 对应连接一个引脚。通过对 IOB 的编程，可改变输入/输出模块的具体配置，将引脚定义为输入、输出或双向功能。同时还可实现三态控制。当引脚定义为输入时，该引脚还可设置成 TTL 或 CMOS 阈值电平。IOB 中的数个触发器，可用来寄存输入或输出信号，实现引脚的寄存输入或输出。当然也可通过对多路选择器的选择，将触发器旁路，实现引脚的直接输入或输出。XC4000 系列 IOB 的结构如图 4-11 所示。它由三态输出缓冲器 G1、输入缓冲器 G2、输出/输入触发器 F1 和 F2、上拉/下拉控制电路，以及多个多路选择器组成。其中，多路选择器 M2 和 M4、D 触发器 F1，以及三态输出缓冲器 G1 组成输出通路；输入缓冲器 G2、D 触发器 F2、延时电路，以及多路选择器 M5、M6 和 M8 组成输入电路。两个通道中的两个触发器共用一个选通信号 CE，但它们的时钟信号是独立的，分别为 ICLK 和 OCLK。这两个时钟信号都可通过对 M7 和 M3 的编程，实现触发器的上升沿触发或下降沿触发。

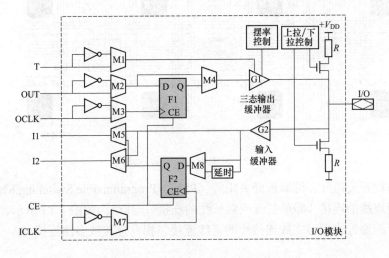

图 4-11　XC4000 系列 IBO 的结构

三态输出缓冲器的使能信号 T 可通过对 M1 的编程，定义为高电平有效或低电平有效。另外，输出缓冲器还可进行摆率（电平跳变的速率）控制，实现快速或慢速两种输出方式。快速方式适合于频率较高的信号输出，而慢速方式则可减小功耗和降低噪声。

当 I/O 引脚作为输出时，内部逻辑信号由 OUT 端进入 IOB 模块。通过 M2 的同相或反相选择，将内部逻辑信号送入输出通路，再经三态输出缓冲器从 I/O 端口输出。信号的输出方式可通过对 M4 的编程来实现，既可以寄存器输出，也可以组合输出（直接输出）。

当 I/O 引脚作为输入时，引脚上的输入信号经过输入缓冲器 G2 进入输入通道。根据 M5 和 M6 的编程选择，输入信号可直接由 I1、I2 输入至内部逻辑电路，也可经触发器寄存后再输入到内部电路。

为了补偿时钟信号的延时，在输入通道增加了一个延时电路。输入信号经输入缓冲器 G2 到达 D 触发器之前，可根据用户的需要，对 M8 编程选择延时几纳秒或不延时，从而实现对时钟信号的补偿。

没有定义的引脚可由上拉/下拉控制电路控制，通过上拉电阻接电源或下拉电阻接地，避免由于引脚悬空所产生的振荡而引起的附加功耗和系统噪声。

3. 可编程布线资源

可编程布线资源主要用来实现芯片内部 CLB 之间、CLB 和 IOB 之间的连接，使 FPGA 成为用户所需要的电路逻辑网络。它们由可编程连线和可编程开关矩阵（PSM）组成，分布在 CLB 阵列的行、列之间，贯穿整个芯片。可编程连线由水平和垂直的两层金属线段组成网状结构。其示意图如图 4-12 所示。

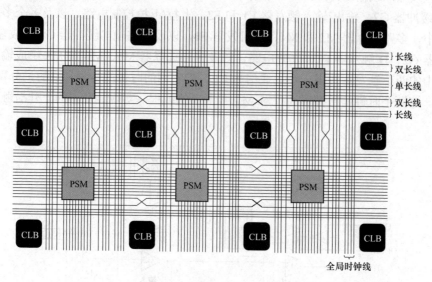

图 4-12　可编程布线资源示意图

（1）可编程开关矩阵。可编程开关矩阵（PSM，Programmable Switching Matrix）主要用来实现可编程连线的连接（即单长线或双长线的连接）。其结构如图 4-13 所示。每个 PSM 中有 6 个开关管，通过编程可完成连接线的直线连接、拐弯连接或多路连接。

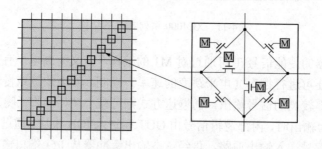

图 4-13　可编程开关矩阵及结构

（2）可编程连线。XC4000 系列中共有 5 种类型的可编程连线：单长线、双长线、长线、全局时钟线和进位逻辑线。XC4000 系列中一个 CLB 的连线资源如表 4-10 所示。其中，全局时钟线以垂直方向布线，且只有 4 根，进位逻辑线有 2 根垂直线。

表 4-10　　　　　　　　　　　　　　　CLB 的连线资源

连线	单长线	双长线	长线	全局时钟线	进位逻辑线	合计
水平线	8	4	6	0	0	18
垂直线	8	4	6	4	2	24

1）单长线。单长线是指可编程开关矩阵之间的水平金属线和垂直金属线，通常用来实现局部区域信号的传输，如相邻 CLB 之间的连接。它的长度相当于两个 CLB 之间的距离，可通过 PSM 实现直线连接、拐弯连接或多路连接。

单长线与 CLB 输入、输出间有许多直接的连接点，如图 4-14 所示。因此它有很高的布线成功率，为 CLB 提供了最好的互联灵活性和相邻模块的快速布线。由于信号每经过一个开关矩阵都要产生一定的延时，所以单长线不适合长距离传输信号。

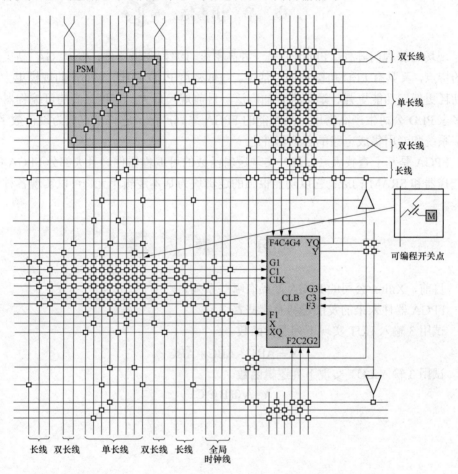

图 4-14　CLB 的输入、输出布线连接图

2）双长线。双长线的长度是单长线的 2 倍，每根双长线都是从一个开关矩阵出发，绕过相邻的开关矩阵进入下一个开关矩阵，并在线路中成对出现。它类似于单长线，在 CLB 中除了时钟输入端 CLK 外，所有输入端均可由相邻的双长线驱动，而 CLB 的每个输出都可驱动邻近的水平或垂直双长线。双长线与单长线相比，减少了经过开关矩阵的数量，因此它更有效地提供了中距离的信号通路，加快了系统的工作速度。

3）长线。长线由贯穿整个芯片的水平和垂直的金属线组成，并以网格状分布。由于它不经过开关矩阵，通常用于高扇出和时间要求苛刻的信号网，可实现高扇出、遍布整个芯片的控制线，如复位/置位线等。每根长线的中点处有一个可编程的分离开关，可根据需要形成两个独立的布线通道，提高长线的利用率。CLB 的输入可以通过相邻长线间接驱动，CLB 的输出可通过三态缓冲器或单长线连接到长线上。

4）全局时钟线。全局时钟线只分布在垂直方向，主要用来提供全局的时钟信号和高扇出的控制信号。

5）进位逻辑线。每个 CLB 仅有 2 根进位逻辑线，并分布在垂直方向，主要用来实现 CLB 的进位链。

本 章 小 结

（1）现场可编程门阵列（FPGA）是一种高密度可编程逻辑器件，既有 GA 高集成度和通用性的特点，又具有 PLD 可编程的灵活性。与低密度 PLD 相比，FPGA 的规模更大、速度更快、功耗更低、功能更强、适应性更加广泛，目前规模最大、密度最高的可编程器件。目前已有多家 PLD 公司生产高密度、高性能的 FPGA 系列产品，它们现已成为设计数字电路、大型数字系统和专用集成电路的首选器件之一。

（2）FPGA 是基于查找表（LUT）实现逻辑函数的可编程器件，且大部分 FPGA 的 LUT 由数据选择器和 SRAM 构成。它以功能很强的逻辑块为基本逻辑单元，可以实现各种复杂的逻辑功能。

习　　题

4-1　目前，Xilinx 公司的 FPGA 产品有哪些系列？

4-2　FPGA 器件未来的发展趋势有哪些？

4-3　试用 3 输入 LUT 实现下列逻辑函数。

$$Y = A\overline{B}\overline{C} + A\overline{B}C + \overline{A}BC$$

4-4　试用 3 输入 LUT 实现下列逻辑函数。

$$Y = A \oplus B \oplus C$$

第 5 章　VHDL 硬件描述语言

硬件描述语言 HDL 是 EDA 技术中的重要组成部分，常用的硬件描述语言有 AHDL、VHDL 和 Verilog HDL，VHDL 和 Verilog HDL 是当前最流行并成为 IEEE 标准的硬件描述语言。一般的硬件描述语言在行为级、RTL 级和门电路级这三个层次上描述电路。VHDL 用于行为级和 RTL 级的描述，它是一种高级描述语言，几乎不能控制门电路的生成。然而，任何一种硬件描述语言的源程序都要转化成门级电路，这一过程称为综合。熟悉 VHDL 语言后设计效率很高，且生成电路的性能不亚于其他设计软件生成电路的性能。VHDL 以其强大的系统描述能力、规范的程序设计结构、灵活的语言表达风格和多层次的仿真测试手段，在电子设计领域得到广泛的应用，成为现代 EDA 领域的首选硬件描述语言。目前流行的 EDA 工具软件全部支持 VHDL，VHDL 是现代电子设计师必须掌握的硬件设计计算机语言。

VHDL 语言的优点：

（1）具有更强的行为描述能力。VHDL 语言强大的行为描述能力使设计者避开具体的器件结构，这是从逻辑行为上描述和设计大规模数字系统的重要保证。

（2）具有丰富的仿真语句和库函数。VHDL 语言的这一特点使得设计大的数字系统时可随时对设计进行仿真模拟。

（3）可对大规模设计进行分解和对已有的设计进行再利用，符合市场环境下重组、升级、的设计趋势。

（4）支持"自顶向下"的设计方法。可按层次分解，采用结构化开发手段，实现多人、多任务并行工作方式，使系统的设计效率大幅提高。同时，还可以利用 EDA 工具对完成的确定设计进行逻辑综合和优化，大大减少了电路设计的时间和可能发生的错误，降低了开发成本。

（5）设计和硬件结构无关性。VHDL 的设计者可以不需要熟悉硬件的结构，也不必考虑设计的目标器件。且目标器件有广阔的选择范围，其中包括各系列的 CPLD、FPGA 器件。

5.1　VHDL 的主要构件

一个完整的 VHDL 语言程序包含实体（entity）、结构体（architecture）、程序包（package）、库（library）和配置（configuration）五部分组成。其中，实体用于描述设计系统的外部接口信号；结构体用于描述系统的具体逻辑行为功能；程序包用来存放各个设计模块共享的数据类型、常数和子程序等；库用于存放编译过的实体、结构体、配置和程序包，用户可以直接调用库里已有的模块；配置语句是在一个实体对应有多个结构体时，按照设计者的要求选择其中一个结构体与实体进行配置，以支持正确的编译。

1. 实体

实体（entity）是 VHDL 设计电路的最基本部分，它描述一个设计单元的外部接口，指定了设计单元的输入、输出端口或引脚，它是设计实体对外的一个通信界面。当一个实体经过编译并被放入库中之后，它就成为其他设计可以采用的一种元件。实体的语法结构如下：

```
ENTITY 实体名 IS
    PORT (端口名1：端口方向 端口类型；
          端口名2：端口方向 端口类型；
                .
                .
                .
          端口名n：端口方向 端口类型)
          END 实体名；
```

端口名是赋予每个引脚的名称，通常用英文字母或英文字母加数字组成，相同类型的端口名可以写在一起，但要用逗号分开。端口方向用来定义外部引脚的信号方向，常用的端口方向含义如表 5-1 所示。

表 5-1　　　　　　　　　　　　　　常用的端口方向含义

端口方向定义	含 义
IN	输入
OUT	输出（在结构体内部此类端口不能赋值给其他信号）
INOUT	双向
BUFFER	带反馈功能的输出（在结构体内部此类端口可以赋值给其他信号）
LINKAGE	不指定方向，无论哪一种方向都可以连接

【例 5-1】　二输入与非门的实体声明：

```
ENTITY nand2 IS
    PORT (a, b: IN STD_LOGIC;
          y: OUT STD_LOGIC) ;
          END nand2;
```

这个例子描绘了一个具有两个输入端 a、b 和一个输出端 y 的元件示意图，因此实体声明相当于给出了元件符号。

2. 结构体

结构体用来描述设计单元的内部结构和行为，并建立输入和输出之间的关系。在电路上相当于器件的内部电路结构。结构体由结构体说明语句部分和功能描述语句部分组成，结构体说明语句部分用于结构体内部使用的信号名称及信号类型的说明，如果没有对象可说明，则可以省略；功能描述语句部分用来描述设计单元的逻辑行为。功能描述语句都是并行语句，有 5 种类型，分别是：

（1）块语句（BLOCK）：由一系列并行语句组成，并从形式上划分出模块，功能是将结构体中的并行语句组成一个或多个子模块。

（2）进程语句（PROCESS）：进程语句为顺序语句，用于将外部获得的信号值或内部运算数据向其他信号赋值。不同进程间是并行执行的，进程只在某个敏感信号发生变化时才触发。

（3）信号赋值语句：将实体内处理的结果向定义的信号或端口进行赋值。

（4）子程序调用语句：调用函数（FUNCTION）或过程（PROCEDURE），并将获得的结果赋给信号。

（5）元件例化语句：调用其他设计实体描述的电路，将其作为本设计实体的一个元件（COMPONENT）。

一个实体可以有多个结构体，每个结构体对应着实体不同的结构和算法实施方案，但同一个结构体不能为不同的实体所拥有。

结构体的语法结构如下：

```
ARCHITECTURE 结构体名 OF 实体名 IS
    [结构体说明语句]
    BEGIN
    [功能描述语句]
    END 结构体名;
```

[例]　二输入与非门的结构体描述

```
ARCHITECTURE behavior_nand2 OF nand2 IS
  BEGIN
    Y<=a nand b;
  END behavior_nand2;
```

3. 库

库是用来存储系统或用户自行设计的，已编译的实体、结构体和程序包等，它们可以用作其他 VHDL 设计的资源。VHDL 的库可分为五种，分别如下：

（1）IEEE 库。IEEE 库是常用的资源库，库中包含经过 IEEE 正式认可的 STD_LOGIC_1164 程序包集合和某些公司提供的一些程序包集合。

（2）STD 库。STD 库是 VHDL 的标准库，在库中有名为 STANDARD 的程序包集合，集合中定义了多种常用的数据类型。

（3）ASIC 库。ASIC 库是各公司可提供面向 ASIC 的逻辑门库。库中存放着与逻辑门一一对应的实体。

（4）WORK 库。WORK 库是当前作业库，它存放的是设计者当前设计项目生成的全部文件目录。

（5）用户自定义库。用户自定义库是由用户自己创建并定义的库。设计者可以把自己经常使用的非标准程序包集合和实体等汇集在一起定义成一个库，作为 VHDL 库的补充。

以上五种类型库，STD 库和 WORK 库默认打开，使用时无须说明。而使用其他几种库时，则须预先在 VHDL 库、程序包说明区对其进行说明。库的说明语句格式为：

```
LIBRARY 库名;
例如 IEEE 库的说明为:
LIBRARY IEEE;
```

4. 程序包

程序包是一种使包体中的元件、子程序、公用数据类型和说明等对其他设计单元可调用的设计单元。程序包包括程序包说明和程序包体，程序包说明是程序包的定义接口，声明包中的类型、元件、子程序和说明，类似于实体；程序包体规定程序的实际功能，存放元件和子程序等的具体实现，类似于结构体。程序包说明的语法格式为：

```
PACKAGE 程序包名 IS
   [说明部分]
END 程序包名
```
程序包包体的语法格式为：
```
PACKAGE BODY 程序包名 IS
   [说明部分]
END 程序包名
```

包体中的子程序体和基本说明不能被其他 VHDL 单元调用，而程序包中的说明则是公用的，可调用。要使一个程序包所定义的内容可被调用，应该在 VHDL 单元前加上 USE 语句。

【例 5-2】　一个程序包的例子：

```
LIBRARY IEEE;
USE IEEE.STD_LOGIC_1164.ALL;
PACKAGE pack IS
   FUNCTION max (a, b: STD_LOGIC_vector)
   RETURN STD_LOGIC_vector;
END pack;
PACKAGE BODY pack IS
FUNCTION max (a, b: STD_LOGIC_vector)
   RETURN STD_LOGIC_vector IS
   VARIABLE temp: STD_LOGIC_vector IS;
   BEGIN
     IF (a>b) THEN temp: =a;
     ELSE temp: =b;
     END IF;
   RETURN temp;
   END max;
END pack;
常用的程序包有: STD_LOGIC_1164.ALL;
               STD_LOGIC_Arith;
               STD_LOGIC_Unsigned;
               STD_LOGIC_Signed;
```

调用程序包的语句格式如下：

USE 库名.程序包名.引用内容；

其中引用内容一般用 ALL 表示引用全部内容。

5. 配置

按照 VHDL 的语法规定，一个实体可以有多个结构体描述，但在具体进行仿真和综合时，只能是一个实体对应一个确定的结构体，配置语句就是用来选择这个确定的结构体的。在仿真时，利用配置语句为同一实体选择不同的结构体进行仿真，则可以测试不同结构体的差别。配置语句格式为：

```
CONFIGURATION 配置名 OF 实体名 IS
   配置说明
END 配置名;
```

配置说明部分格式种类很多，其中最简单的一种描述方式如下例所示：

【例 5-3】　用两种不同的逻辑方式描述二输入与非门 nand2，用配置语句为特定的结构体需求作配置指定。

```
LIBRARY IEEE;
USE IEEE.STD_LOGIC_1164.ALL;
ENTITY nand2 IS
            PORT (a, b: IN STD_LOGIC;
                  c: OUT STD_LOGIC) ;
END ENTITY nand2;
ARCHITECTURE one_ nand2 OF nand2 IS
    BEGIN
                c<=NOT (a AND b) ;
END ARCHITECTURE one_ nand2;

ARCHITECTURE two_ nand2 OF nand2 IS
    BEGIN
                c<='1'WHEN (a='0')  AND  (b='0') ELSE
                '1'WHEN (a='0')  AND  (b='1') ELSE
                '1'WHEN (a='1')  AND  (b='0') ELSE
                '0'WHEN (a='1')  AND  (b='1') ELSE
                '0';
END ARCHITECTURE two_ nand2;

CONFIGURATION first OF nand2 IS
    FOR one_ nand2
    END FOR;
END first;
CONFIGURATION second OF nand2 IS
    FOR two_ nand2
    END FOR;
END second;
```

这个例子是为了说明实体的多个结构体和不同的配置语句而写，实际仿真时，两条配置语句只能有一条有效。一个实体只能有一个有效的结构体。

6. 子程序

子程序可以在 VHDL 程序中的程序包、结构体和进程三个不同位置定义。由于子程序只有在程序包中定义才能被不同的设计调用，因此一般将常用逻辑功能的子程序放在程序包中。子程序有函数（FUNCTION）和过程（PROCEDYRE）两种类型。与进程（PROCESS）相似，子程序中放置顺序语句。

（1）函数。函数的作用是求值。函数一般有多个输入量，只有一个输出量，输出量就是函数的返回值，因此函数只有一个返回值。函数由函数首和函数体组成。

函数定义的一般格式如下：

```
FUNCTION 函数名 (参数表) RETURE 数据类型
FUNCTION 函数名 (参数表) RETURE 数据类型  IS
    [说明部分; ]
BEGIN
    顺序语句;
    END 函数名;
```

函数首给出了函数名、参数表和返回值类型。如果所定义的函数是要放入程序包作为可共享的资源，则必须定义函数首。而在结构体和进程中，函数体可以独立存在和使用，无须定义函数首。参数表是仅用来定义输入量的，方向说明可省略。输入量可以是信号或常数，如果是信号，则参数名需放在关键词 SIGNAL 后，以示说明。如果输入量是常量，则无须说明。

【例 5-4】 全加器 VHDL 程序（函数举例）：

```
LIBRARY  IEEE;
USE  IEEE.STD_LOGIC_1164.ALL;
ENTITY  add_fun IS
   PORT (in0, in1, in2: IN BIT;
       s, c: OUT BIT) ;
END ENTITY  add_fun;
ARCHITECTURE  behave  OF add_fun IS
FUNCTION add_s (a, b, c: BIT)    RETURE BIT  IS
BEGIN
   RETURE  (a XOR b XOR c)
END  add_s;
FUNCTION add_c (a, b, c: BIT)    RETURE BIT  IS
BEGIN
   RETURE ((a and b)  OR  (a and c)  OR   (b and c) ) ;
END  add_c;
BEGIN
   s<= add_s (in0, in1, in2) ;            --调用函数 add_s
   c<= add_c (in0, in1, in2) ;            --调用函数 add_c
END  behave;
```

（2）过程。过程类似于函数，却有以下不同：函数的参数表仅定义输入参数，过程的参数表有输入参数 IN、输出函数 OUT 和双向参数 INOUT；函数通常是作为表达式的一部分被调用，而过程被调用时，是作为一种语句而单独存在，其作用类似子进程；函数调用只有一个返回值，而过程调用可以有多个返回值。过程参数表不做特别说明时，输入参数将被作为常数处理，而输出参数和输入输出参数将作为变量处理，过程调用返回的值将传给变量。过程也是由过程首和过程体组成。

过程定义语句格式如下：

```
PROCEDURE 过程名 (参数表)
   PROCEDURE 函数名 (参数表)   IS
       [说明部分;]
   BEGIN
       顺序语句;
   END 过程名;
```

过程体的说明部分只适用于过程内部。过程语句是由顺序语句组成的，调用过程就启动了对过程体顺序语句的执行。过程定义和函数定义一样，在结构体和进程中，过程体可以独立存在和使用，无须定义过程首；在程序包中必须定义过程首。

过程调用的语句格式如下：

```
        过程名 (实参表);
```

调用过程时，参数表中的参数是与过程定义中的形式参数名相对应的实际参数名。过程调用可以是顺序调用或并行调用。在一般的顺序语句执行过程中调用一个过程时，该过程调用语句就是一条顺序语句被执行，所以是顺序调用。顺序过程调用主要用于进程中。当过程处于并行语句环境中时，过程体参数表中的任意一个输入参数发生变化，都将启动过程的调用，这就是并行调用。下面以全加器为例，说明过程定义和调用。

【例 5-5】 全加器 VHDL 程序（过程举例）：

```
LIBRARY  IEEE;
USE  IEEE.STD_LOGIC_1164.ALL;
ENTITY  add_pro IS
   PORT (in0, in1, in2: IN BIT;
        s, c: OUT BIT) ;
END ENTITY  add_pro;
ARCHITECTURE  behave  OF add_ pro  IS
PROCEDURE  add_er (a, b, c:  IN BIT;
out1, out2:  OUT BIT)    IS
BEGIN
   out1: = a XOR b XOR c;
   out2: = (a and b)  OR (a and c)  OR  (b and c) ;
  END  add_er;
BEGIN
  PROCESS (in0, in1, in2)
  VARIABLE y1, y2: BIT;
    BEGIN
      add_er (in0, in1, in2,  y1, y2) ;  --调用过程 add_er
       s<= y1;
       c<= y2;
END  PROCESS ;
END   behave;
```

5.2　VHDL 的数据对象和数据类型

1. VHDL 的数据对象

VHDL 的数据对象有三种：信号（signal）、常量（constant）和变量（variable）。

（1）信号。VHDL 语言中经常用到的对象，是对电子电路内部硬件连接的抽象，是用来描述实体内部节点的重要数据类型。信号量是一个全局量，可以用来进行各模块之间的通信。信号的声明可以出现在实体的说明部分、结构体说明和程序包说明中。在程序包中说明的信号对于所有采用该程序包的实体都是可引用的；在实体说明部分说明的信号，对于该实体中任何一个结构体都是可引用的；而结构体说明中的信号只能被结构体中的语句采用。不同类型的信号声明语句要用分号隔开。信号声明的语法格式为：

SIGNAL 信号名：数据类型；

信号声明举例如下：

```
SIGNAL a，b: STD_LOGIC;
```

（2）常量。常量是一种不变的量，它只能在对它定义时赋值，并在整个程序中保持该值不变。常量的功能一方面可以在电路中代表电源、底线等，另一方面可以提高程序的可读性，也便于修改程序。常量的声明可以出现在实体的说明部分、结构体的说明部分、进程的说明部分和程序包说明中。常量和信号的引用规律一样，在进程语句中声明的常量只能在该进程中使用。常量声明的语法格式为：

```
CONSTANT 常量名：数据类型：=数值；
```

常量声明举例如下：

CONSTANT a: INTEGER: ＝3;

（3）变量。变量只能在进程语句、函数语句和过程语句中出现，它是一个局部量。因此变量不能将信息带出对它做出定义的当前设计单元。在仿真过程中对变量的仿真可以立即生效，这点与信号不同。变量声明的语法格式为：

VARIABLE 变量名: 数据类型: ＝表达式;

变量声明举例如下：

VARIABLE a, b: STD_LOGIC;

2. VHDL 的数据类型

VHDL 的数据类型包括 VHDL 预定义数据类型、IEEE 预定义数据类型和用户自定义数据类型。

（1）常用的 VHDL 预定义数据类型。

1）布尔数据类型，取值为 TRUE 和 FALSE，它是枚举类型数据，用于逻辑运算。

2）位数据类型，取值为 0 和 1，对应于实际电路中的低电平和高电平，位数据对象进行逻辑运算时，结果仍为位数据类型。

3）位矢量数据类型，是用双引号括起来的数字序列，如"0011"，通常用来表示数据总线。

4）字符数据类型，是用单引号括起来的 ASCII 码字符，如'A'，'9'等。

5）整数数据类型，有正整数、负整数和零，在 VHDL 中其取值范围是：－2147483547～2147483646。

6）实数数据类型，它由正、负、小数点和数字组成，与数学中的实数和浮点数相似，取值范围为：－1.0E38～1.0E38。

7）字符串数据类型，是用双引号括起来的字符序列，也称字符矢量或字符串数组。例如，"A BOY""10110001"等是字符串。

（2）常用的 IEEE 预定义数据类型。在 IEEE 标准库的程序包 STD_LOGIC_1164 中，定义了两个非常重要的数据类型，即标准逻辑位 STD_LOGIC 数据类型和标准逻辑矢量 STD_LOGIC_VECTOR 数据类型。

1）标准逻辑位 STD_LOGIC 数据类型。标准逻辑位 STD_LOGIC 数据类型也属于枚举类型，它的取值有以下九种：

'U' 初始值
'X' 不定
'0' 0
'1' 1
'Z' 高阻
'W' 弱信号不定
'L' 弱信号 0
'H' 弱信号 1
'－' 不可能情况

STD_LOGIC 数据类型是用大写字母定义的，使用中不允许用小写字母代替。

2）标准逻辑矢量 STD_LOGIC_VECTOR 数据类型。STD_LOGIC_VECTOR 数据类型是

用双引号括起来的一组数据，通常用来表示数据总线。

（3）用户自定义数据类型。除了上述一些标准的预定义数据类型外，VHDL 还允许用户自己定义新的数据类型。用户自定义数据类型分为基本数据类型和子类型数据定义格式两种。

5.3　VHDL 的操作符

VHDL 具有丰富的预定义操作符，用这些操作符可以完成各种形式表达式的功能。预定义操作符分为算术操作符、关系操作符、逻辑操作符和并置操作符。

1. 逻辑操作符

VHDL 中逻辑操作符用来完成逻辑类型数据对象的逻辑操作，逻辑操作符如表 5-2 所示。

表 5-2　　　　　　　　　　　　　　　逻 辑 操 作 符

操　作　符	说　　明
and	逻辑与
or	逻辑或
nand	与非
nor	或非
xor	异或
xnor	同或
not	逻辑非

值得注意的是运算符左右两边操作数和运算结果的类型必须一致。

2. 算术操作符

算术操作符完成相应的算术运算，算术运算符如表 5-3 所示。

表 5-3　　　　　　　　　　　　　　　算 术 运 算 符

操　作　符	说　　明
+	加
−	减
*	乘
/	除
**	乘方
mod	求模
rem	求余
abs	绝对值

3. 关系操作符

关系操作符用于相同数据类型数据对象间的比较，关系表达式的结果是布尔类型，关系操作符如表 5-4 所示。

表 5-4   **关 系 操 作 符**

操　作　符	说　　明
=	等于
/=	不等于
<	小于
<=	小于等于
>	大于
>=	大于等于

4. 并置操作符

并置操作符是"&"，主要用来将普通操作数或数组结合起来，以形成新的操作数。例如 "0110" & "1001" 的结果为 "01101001"。

5.4　VHDL 的基本语句

VHDL 的基本语句包括顺序语句和并行语句。顺序语句是完全按程序中出现的顺序执行的语句，顺序语句只出现在进程和子程序中；并行语句作为一个整体运行，仅执行被激活的语句，并非所有语句都执行。

1. 顺序语句

（1）变量赋值语句。语法格式：变量名：=表达式；

变量名和表达式类型相同，表达式可以是变量、信号和字符。"：="是立即赋值符号。变量赋值语句举例如下：

C：=A-B；

（2）信号赋值语句。语法格式：信号名<=表达式；

"<="是延迟赋值符号，用于信号在传播、变化过程中的信号赋值，其右边的表达式可包含延迟信息。同一进程中对同一信号多次赋值时，仅最后一次赋值有效。举例如下：

Y<=A AND B；

（3）WAIT 语句。WAIT 语句是等待语句，在进程或过程中，当程序执行到 WAIT 语句时，运行程序被挂起，直到满足此语句设置的条件，才重新执行进程或过程。

WAIT 语句有四种形式，语法格式如下：

1）WAIT；

2）WAIT ON 信号表；

3）WAIT UNTIL 条件表达式；

4）WAIT FOR 时间表达式。

（4）IF 语句。IF 语句是一种条件语句，具有优先排队功能，根据语句中设置的一种或多种条件，有选择地执行顺序语句，如果所有条件表达式都不成立，则执行最后的顺序语句。IF 语句有以下三种语法格式：

1）IF　条件表达式　THEN　顺序语句；

```
END IF;
```

2）IF 条件表达式 1 THEN　顺序语句 1；

```
ELSE 顺序语句 2;
END IF;
```

3）IF 条件表达式 1 THEN　顺序语句 1；

```
ELSEIF 条件表达式 2 THEN 顺序语句 2;
ELSE 顺序语句 3;
END IF;
```

（5）CASE 语句。CASE 语句是一种多项选择分支语句，通常用于条件分支多于三个以上的情形。语句的操作过程是当表达式的值等于某个选择值时，就执行其后的顺序语句。CASE 语句要求列出表达式的全部选择值，因此通常用 WHEN OTHERS 语句来表达其他各种情况。CASE 语句语法格式为：

```
CASE 表达式 IS
WHEN 选择值 =>顺序语句;
WHEN 选择值 =>顺序语句;
   .
   .
   .
WHEN OTHERS =>顺序语句;
END CASE;
```

（6）LOOP 语句。LOOP 语句是循环语句，当需要重复操作时，使用循环语句。常用 LOOP 语句有以下三种格式。

1）无条 LOOP 语句，语法格式为：

```
[LOOP 标号]: LOOP
    顺序语句;
END LOOP;
```

这样的循环语句无限循环，不会停止。

2）FOR…LOOP 语句，语法格式如下：

```
FOR 循环变量 IN 循环次数范围 LOOP
    顺序语句;
END LOOP;
```

其中，循环变量由"循环次数范围"确定其类型，是属于 LOOP 语句的临时局部变量，无须事先声明。循环范围规定了循环的次数，可以由低到高，每循环一次自动加 1；也可以由高到低，每循环一次自动减 1。循环变量只能用在循环体中，一旦循环结束，循环变量就不再起作用。

3）WHILE…LOOP 语句，语法格式如下：

```
WHILE 循环控制条件 LOOP
    顺序语句;
END LOOP;
```

这种循环语句没有循环变量，也不规定循环的次数。当循环控制条件为 TRUE 时，就继续循环；当为 FALSE 时，就结束循环。

（7）NEXT 语句。NEXT 语句是循环控制语句辅助语句，用于 LOOP 语句中，进行有条件或无条件的转向控制。NEXT 语句有三种形式：

1）NEXT。

功能：无条件转向语句。当执行到 NEXT 时，终止当前的循环，跳回到本次循环 LOOP 语句处，重新开始循环。

2）NEXT 循环语句标号。

功能：无条件转向语句。当多个 LOOP 语句嵌套，执行到该语句时，跳到指定标号的 LOOP 语句处，重新开始循环。

3）NEXT 循环语句标号 WHEN 条件表达式。

功能：条件转向语句。条件表达式为 TRUE 时，执行跳转，否则继续执行下一条语句。

（8）EXIT 语句。EXIT 语句是跳转功能语句，与 NEXT 语句不同的是在执行 EXIT 语句后，跳到 LOOP 标号指定的 LOOP 循环的结束处，即跳出循环。EXIT 语句有三种形式：

1）EXIT。

功能：无条件转向语句。当执行到 EXIT 时，终止当前的循环，跳到当前循环 LOOP 语句结束处，退出循环。

2）EXIT 循环语句标号。

功能：无条件转向语句。当执行到 EXIT 时，终止当前的循环，跳到指定标号的 LOOP 语句结束处，退出循环。

3）EXIT 循环语句标号 WHEN 条件表达式。

功能：条件转向语句。条件表达式为 TRUE 时，执行跳转，跳到指定标号的 LOOP 语句结束处，退出循环。否则继续执行下一条语句。

（9）RETURN 语句。RETURN 语句有两种格式：

1）RETURN。

用于结束过程，并不返回任何值。

2）RETURN 表达式。

用于结束函数，必须带返回值。

（10）NULL 语句。NULL 语句为空操作语句。在设计组合逻辑电路时，应避免使用 NULL 语句，在时序逻辑电路设计中，常利用 NULL 语句来表示 CASE 语句中所有其余条件的操作行为。NULL 语句的语法格式为：

```
NULL;
```

（11）过程调用语句。过程调用语句的语法格式为：

过程名（实参表）。

（12）断言（ASSERT）语句。顺序断言语句主要用于仿真和调试时的人机交流，它可以给出一个字符串作为错误信息。语法格式如下：

```
ASSERT 条件
REPORT 字符串
SEVERITY 严重程度;
```

2. 并行语句

并行语句类型是 VHDL 所特有的一种语句形式，其执行顺序与书写次序无关，当条件满足时，多个并行语句的功能可以同时被执行。

（1）并行信号赋值语句。信号赋值语句在进程和子程序内是顺序语句，在进程与子程序之外是并行语句。并行信号赋值语句有三种形式介绍如下：

1）简单并行信号赋值语句。

语法格式：信号名<=表达式；

2）条件信号赋值语句。

语法格式：信号名<=表达式 1 WHEN 赋值条件 1 ELSE
　　　　　　　 表达式 2 WHEN 赋值条件 2 ELSE
　　　　　　　　　　　　 ·
　　　　　　　　　　　　 ·
　　　　　　　　　　　　 ·
　　　　　　　　 表达式 n

语句功能为当某个赋值条件为真时，将对应的表达式的值赋给信号，所有的赋值条件均为假时，则把最后一个表达式的值赋给信号。

3）选择信号赋值语句。

语法格式：WITH 选择表达式 SELET
信号名<=表达式 1 WHEN 选择值 1，
　　　　 表达式 2 WHEN 选择值 2，
　　　　　　　　 ·
　　　　　　　　 ·
　　　　　　　　 ·
　　　　 表达式 n WHEN 选择值 n；

语句功能为当选择表达式的值等于某个选择值时，将对应的表达式的值赋给信号。

（2）进程语句 PROCESS。进程语句本身是并行语句，但其内部的语句是顺序语句，进程只有在特定的时刻（敏感信号发生变化时）才会被激活。语法格式如下：

［进程名：］PROCESS（敏感信号表）
　　　　　 进程说明语句
　　　　　 BEGIN
　　　　　 顺序描述语句
　　　　　 END PROCESS ［进程名］；

（3）块语句 BLOCK。块语句的功能是将一大段并行语句代码划分为多个 BLOCK 块。块语句本身对电路结构并无影响，仅使程序结构更加清晰。块语句中定义的所有数据对象、数据类型、子程序都是局部的，只能用于当前块和嵌套在本层次的内部块。

块语句的语法格式如下：

块标号：BLOCK ［（块保护表达式）］
　　　　　 ［说明语句］；
　　　 BEGIN
　　　　　 ［并行语句］；
　　　 END BLOCK 标号名；

块保护表达式是可选项，是一个布尔表达式。保护表达式的作用是：只有当其为真时，该块中的语句才被启动执行，否则就不被执行。

（4）并行过程调用语句。并行过程调用语句可以直接出现在结构体或块语句中。语法格式与顺序过程调用语句相同。使用并行过程调用语句要注意以下几点：

1）并行过程调用是一个完整的语句，在它之前可以加标号。

2）并行过程调用语句应带有 IN、OUT 或 INOUT 的参数，它们应该列在过程名后的括号内。

3）并行过程调用语句可以有多个返回值。

5.5　VHDL 设计基本逻辑电路举例

在对硬件描述语言 VHDL 的语句、语法和程序结构有了基本的认识后，给出几个电路的 VHDL 设计实例。

1. 8 线-3 线编码器 VHDL 描述

```
LIBRARY IEEE;
USE  IEEE.STD_LOGIC_1164.ALL;
  ENTITY  encoder1  IS
  PORT  (d:   IN   STD_LOGIC_VECTOR  ( 7 DOWNTO 0 ) ;
          encode:   OUT  STD_LOGIC_VECTOR  ( 2 DOWNTO 0 ) ) ;
END  encoder1;
ARCHITECTURE  one  OF encoder1  IS
   BEGIN
        encode <= "111"  WHEN d (7) = '1' else
                  "110"  WHEN d (6) = '1' else
                  "101"  WHEN d (5) = '1' else
                  "100"  WHEN d (4) = '1' else
                  "011"  WHEN d (3) = '1' else
                  "010"  WHEN d (2) = '1' else
                  "001"  WHEN d (1) = '1' else
                  "000"  WHEN d (0) = '1' ;
   END  one;
```

2. 3 线—8 线译码器 VHDL 描述

```
LIBRARY IEEE;
USE  IEEE.STD_LOGIC_1164.ALL;
  ENTITY  decoder1  IS
  PORT  ( A:   IN   STD_LOGIC_VECTOR  ( 2 DOWNTO 0 ) ;
          S:   IN    STD_LOGIC;
          Y:   OUT  STD_LOGIC_VECTOR  ( 7 DOWNTO 0 ) ) ;
END  decoder1;
ARCHITECTURE  behave4  OF decoder1  IS
SIGNAL SA:   STD_LOGIC_VECTOR  ( 3 DOWNTO 0 ) ;
  BEGIN
    SA <= S&A;
    WITH  SA  SELECT
      Y <= "11111110"  WHEN  "0000";
        "11111101"  WHEN  "0001";
```

```
            "11111011"  WHEN  "0010";
            "11110111"  WHEN  "0011";
            "11101111"  WHEN  "0100";
            "11011111"  WHEN  "0101";
            "10111111"  WHEN  "0110";
            "01111111"  WHEN  "0111";
            "11111111"  WHEN  OTHERS;
END  behave4;
```

3. 4 选 1 数据选择器的 VHDL 描述

```
LIBRARY  IEEE;
USE  IEEE.STD_LOGIC_1164.ALL;
  ENTITY mux41 IS
  PORT ( a, b, c, d:  IN  STD_LOGIC;
         s:  IN STD_LOGIC_VECTOR ( 1 DOWNTO 0 ) ;
         y:  OUT STD_LOGIC) ;
  END  mux41;
  ARCHITECTURE  one  OF mux41  IS
    BEGIN
      PROCESS (s, a, b, c, d)
      BEGIN
      CASE s IS
          WHEN "00"=>y<=a;
          WHEN "01"=>y<=b;
          WHEN "10"=>y<=c;
          WHEN "11"=>y<=d;
          WHEN OTHERS=>y<='x';
          END CASE
    END  PROCESS
END  one;
```

4. RS 触发器

```
Library ieee;
use ieee.std_logic_1164.all;
use ieee.std_logic_signed.all;
entity rsff is
   port (r, s, clk: int std_logic;
        q, qb: buffer std_logic) ;
  end rsff;
  architecture rsff_art of rsff is
    signal q_s, qb_s; std_logic;
  begin
    process (clk, r, s)
    begin
      if (clk'event and clk='1') then
        if (s='1'and r='0') then
          q_s<='0';
          qb_s<='1';
      elseif (s='0'and r='1') then
          q_s<='1';
          qb_s<='0';
```

```
    elseif  (s='0'and r='0') then
         q_s<=q_s;
         qb_s<=qb_s;
     end if;
   end if;
      q_s=q_s;
      qb_s<=qb_s;
   end process;
end rsff_art;
```

5. 同步复位的 D 触发器

```
Library ieee;
use ieee.std_logic_1164.all;
use ieee.std_logic_signed.all;
entity syndff is
    port (d, clk, reset: in std_logic;
          q, qb: out std_logic) ;
end syndff;
architecture dff_art of syndff is
   begin
     process (clk)
     begin
        if  (clk'event and clk='1') then
        if  (reset='0') then
        q <='0';
        qb<='1';
    else
      q <=d;
      qb<=not q;
     end if;
    end if;
  end process;
end dff_art;
```

6. 异步复位/置位的 JK 触发器

```
Library ieee;
use ieee.std_logic_1164.all;
use ieee.std_logic_signed.all;
entity asynjkff is
   port (j, k, clk, set.reset: int std_logic;
       q, qb: out std_logic) ;
end asynjkff;
architecture jkff_art of asynjkff is
   signal q_s, qb_s; std_logic;
begin
   process (clk, set, reset)
   begin
      if  (set='0'and reset='1') then
       if  (s='1'and r='0') then
        q_s<='1';
        qb_s<='0';
```

```
        elseif if  (set='1'and reset='0') then
            q_s<='0';
            qb_s<='1';
        elseif (clk'event and clk='1') then
        if  (j='0'and k='1') then
            q_s<='0';
            qb_s<='1';
         elseif  (j='1'and k='0') then
            q_s<='1';
            qb_s<='0';
        elseif  (j='1'and k='1') then
            q_s<=not q_s;
            qb_s<=qb_s;
    end process;
end jkff_art;
```

7. T 触发器

T 触发器的动作特点是翻转，这里以上升沿触发的 T 触发器设计为例来讲解。

```
Library  ieee;
use ieee.std_logic_1164.all;
use ieee.std_logic_signed.all;
entity tff is
    port (t, clkt: in std_logic;
        q: out std_logic) ;
end;
architecture tff_art of tff is
    signal q_temp: std_logic;
begin
     pl: process (clk)
     begin
       if rising_edge (clk) then
         if t='1'then
           q_temp <= not q_temp;
            else
           q_temp <= q_temp;
         end if;
     end if ;
   q_temp <= q_temp;
 end process;
   q_temp <= q_temp;
end tff_art;
```

8. 移位寄存器的 VHDL 描述

4 位双向移位寄存器 74LS194 的 VHDL 描述。

```
LIBRARY IEEE;
USE IEEE.STD_LOGIC_1164.ALL;
ENTITY HC194 IS
 PORT (D : IN STD_LOGIC_VECTOR (0 TO 3) ;
       CR, SR, SL, S1, S0: IN STD_LOGIC;
       CP: IN STD_LOGIC;
```

```
       Q: OUT STD_LOGIC_VECTOR (0 TO 3) ) ;
END HC194;
ARCHITECTURE ONE OF HC194 IS
  SIGNAL PCX: STD_LOGIC_VECTOR (0 TO 3) ;
  BEGIN
   PROCESS (CR, CP)
    BEGIN
     IF (CR='0')  THEN
     PCX<="0000";
      ELSE
        IF (cp' EVENT) AND (CP='1')  THEN
         IF ((s1='0')  AND  (s0='1') )  THEN
         PCX (0)  <=SR;
         PCX (1)  <=PCX (0) ;
         PCX (2)  <=PCX (1) ;
         PCX (3)  <=PCX (2) ;
        ELSIF  ((s1='1')  AND  (s0='0') )  THEN
         PCX (0)  <=PCX (1) ;
         PCX (1)  <=PCX (2) ;
         PCX (2)  <=PCX (3) ;
         PCX (3)  <=SL;
        ELSIF  ((s1='1')  AND  (s0='1') )  THEN
         pcx (0)  <=d (0) ;
         pcx (1)  <=d (1) ;
         pcx (2)  <=d (2) ;
         pcx (3)  <=d (3) ;
        ELSE null;
      END IF;
     END IF;
    END IF;
  END PROCESS;
 Q<=PCX;
END ONE;
```

9. 计数器的 VHDL 描述

8421BCD 码十进制计数器的 VHDL 描述

```
LIBRARY IEEE;
USE IEEE.STD_LOGIC_1164.ALL;
USE IEEE.STD_LOGIC_UNSIGNED.ALL;
ENTITY COUNT10 IS
       PORT (CP: IN STD_LOGIC;
             Q: OUT STD_LOGIC_VECTOR (3 DOWNTO 0) ) ;
       END COUNT10;
ARCHITECTURE ONE OF COUNT10 IS
  SIGNAL COUNT: STD_LOGIC_VECTOR (3 DOWNTO 0) ) ;
  BEGIN
    PROCESS (CP)
     BEGIN
        IF CP 'EVENT AND CP='1' THEN
             IF COUNT<="1001" THEN
             COUNT<="0000";
```

```
        ELSE COUNT<=COUNT+1;
        END IF;
      END IF;
    END PROCESS ;
   Q<=COUNT;
END ONE;
```

（1）硬件描述语言 HDL 是 EDA 技术中的重要组成部分，常用的硬件描述语言有 AHDL、VHDL 和 Verilog HDL，VHDL 和 Verilog HDL 是当前最流行并成为 IEEE 标准的硬件描述语言。

（2）一个完整的 VHDL 语言程序包含实体（entity）、结构体（architecture）、程序包（package）、库（library）和配置（configuration）五部分组成。其中，实体用于描述设计系统的外部接口信号；结构体用于描述系统的具体逻辑行为功能；程序包用来存放各个设计模块共享的数据类型、常数和子程序等；库用于存放编译过的实体、结构体、配置和程序包，用户可以直接调用库里已有的模块；配置语句是在一个实体对应有多个结构体时，按照设计者的要求选择其中一个结构体与实体进行配置，以支持正确的编译。

（3）VHDL 的数据对象有三种：信号（signal）、常量（constant）和变量（variable）。

（4）VHDL 具有丰富的预定义操作符，用这些操作符可以完成各种形式表达式的功能。预定义操作符分为算术操作符、关系操作符、逻辑操作符和并置操作符。

（5）VHDL 的基本语句包括顺序语句和并行语句。顺序语句是完全按程序中出现的顺序执行的语句，顺序语句只出现在进程和子程序中；并行语句作为一个整体运行，仅执行被激活的语句，并非所有语句都执行。

习　　题

5-1　试用 VHDL 语言描述 10 线-4 线编码器。

5-2　试用 VHDL 语言描述四位二进制计数器。

第6章 简单 Testbench 设计

6.1 概　　述

随着数字系统设计的规模越来越大、越来越复杂，数字设计的仿真验证已经成为一件日益困难和繁琐的事，面对这个挑战，验证工程师们需要依靠许多验证工具和方法。对于大如几百万门的设计系统，一般使用一套可靠的形式验证（formal verification）工具；然而对于一些小型的设计，带有测试平台（Testbench）的 HDL 仿真器就可以很好地完成验证任务。

Testbench 是一种效率较高的仿真手段。任何设计都包含有输入、输出信号，但是在软环境中没有激励输入，无法对设计电路的输出进行正确评估。此时，便需要有一种模拟实际环境的输入激励和输出校验的"虚拟平台"，在这个平台上可以对设计电路从软件层面上进行分析和校验，这就是 Testbench 的含义。如今，Testbench 已经成为一种验证高级语言（HLL，High-Level Language）设计的标准方法。

Testbench 相对于画波形图产生激励的方法，虽然后者更加直观而且易于入门，但 Testbench 却有着后者无法比拟的优点。首先 Testbench 以语言的方式描述激励源，很方便产生各种激励源，包括各种抽象的激励信号，如 PCI 的配置读写、存储器读写等操作，使用 Testbench 就可以轻松地实现远高于画波形图方法所能提供的功能覆盖率。其次，Testbench 不仅能以语言的方式描述输入激励，也能够以文本的方式显示仿真输出，这样极大地方便了仿真结果的查看和比较。再次，Testbench 易于修改，重复性效率高。当系统设计升级后需要修改激励信号，若采用画波形图的方法将不得不推翻原波形重新设计；但若是使用 Testbench 则只需要进行一些小的修改就可以完成一个新的测试平台，节约了大量的人力、物力及时间，极大地提高了效率。此外，Testbench 可以在内部设置观测点，或者使用断言等技术，在错误定位方面有着独一无二的优势。

目前 FPGA 设计都朝向片上系统（SOC，System on Chip）的方向发展，如何保证这些复杂系统的功能是正确的成为至关重要的问题。任何潜在的问题都会给后续工作带来极大的困难，而且由于问题发现得越迟，付出的代价也越大，这个代价是几何级数增长的。因此，编写一个功能覆盖率和正确性高的 Testbench 对所有功能进行充分的验证是非常有必要的。

6.2 仿　真　简　介

6.2.1 仿真的级别

在数字系统 EDA 的设计流程中，仿真常应用于不同电路级别的验证，如图 6-1 所示。根据不同的电路级别，有不同的仿真工具。

常见的仿真级别有高层次仿真、RTL 级仿真、逻辑仿真、电路级仿真、开关级仿真。

高层次仿真是对系统的抽象行为算法或混合描述的电路进行仿真，仿真的重点是系统功能和系统内部的运算过程。

RTL 级别仿真是基于 RTL 方法描述的电路进行仿真。重点是仿真数据在系统内元件之间的流动关系。

逻辑仿真是对基于门、触发器和功能块构成的系统进行的仿真。其方法是通过对电路施加激励，观察电路对激励的响应来判断电路的功能是否正确。检查其逻辑功能、延迟特性和负载特性等。

电路级仿真是对基于晶体管、电阻、电容等构成的电路进行的仿真。其方法是通过求解电路方程而得出电路电压和电流，从而求出电路输出波形的一种模拟（如 Multisim）。电路级仿真具有仿真时间长、精度高的特点。

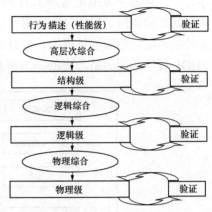

图 6-1　数字系统 EDA 仿真级别

开关级仿真是介于电路级和逻辑级之间的模拟。将电阻、电容不当作一个元件而当作晶体管和节点的参数来处理的一种模拟方法。其复杂度和仿真时间介于电路级与逻辑级之间。

6.2.2　Testbench 的仿真流程

一个典型 Testbench 的流程可用图 6-2 表示。

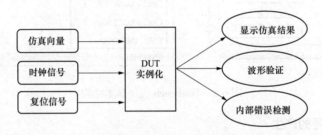

图 6-2　Testbench 的流程

从图 6-2 可以看出 Testbench 应完成以下任务：

（1）设计仿真激励源，其中时钟信号和复位信号一般是必不可少的；

（2）对需要测试的模块 DUT（Device Under Test）进行实例化；

（3）输出结果到终端或波形窗口，将实际结果和预测结果进行比较，如仿真结果与设计要求不符，则可在测试程序内部插入观测点以检测错误。

为了完成上述任务，Testbench 必须拥有以下的基本形式：

```
module testbench_name;    --定义一个没有输入输出的 module
  信号类型定义声明;
  DUT 实例化;
  产生激励信号,选择性监控输出响应;
Endmodule
```

6.3　简单 Testbench 设计

6.3.1　Testbench 程序基本结构

编写仿真测试平台文件（Testbench）的语言包括 VHDL、VerilogHDL、SystemVerilog、SystemC 等，本书仅介绍 VHDL 编写仿真测试平台文件的方法。Testbench 也是 VHDL 的程序之一，它遵守 VHDL 基本程序的框架，但也具有自身的独特性。通常 Testbench 的基本结构包括库的调用、程序包的调用、空实体、结构化描述。在结构体描述中，一般包含被测试元件的声明、局部信号声明、被测试元件例化、激励信号的产生，如图 6-3 所示。与一般的 VHDL 程序不同的是，Testbench 里面的实体为空。

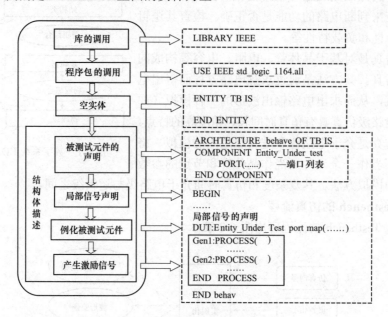

图 6-3　Testbench 程序基本结构

6.3.2　激励信号的产生

激励信号产生的方式一般有两种，一种是以一定的离散时间间隔产生激励信号，另一种是基于实体的状态产生激励信号。需要注意的是，在 Testbench 程序中一定要对所有的激励信号赋初始值。下面通过实例，讲述激励信号的产生方法。

1. 时钟信号的产生

时钟信号属于周期性出现的信号，是同步设计中最重要的信号之一。如图 6-4 所示。时钟信号分为两类，即占空比为 50%的对称时钟信号与占空比不是 50%的非对称时钟信号。

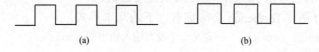

　　　　　　(a)　　　　　　　　　　　　　(b)

图 6-4　时钟信号

（a）对称时钟信号；（b）非对称时钟信号

Testbench 中产生时钟信号方式有两种，一种是使用并行的信号赋值语句，还有一种是使用 process 进程。下面分别通过两个例子来说明如何用这两种方法来产生所需的时钟信号。

【例 6-1】　请用并行信号赋值语句产生如图 6-5 所示的 clk1、clk2、clk3 信号。

观察图 6-5，我们发现 clk1 为对称时钟信号，其初始值可以在信号定义时赋值；clk2 和 clk3 为非对称时钟信号，其初始值可以在语句中赋值。这两种信号的产生方式有所不同，相对而言，对称时钟信号的产生简单一些。

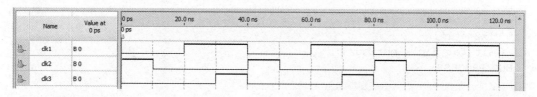

图 6-5　使用并行的信号赋值语句产生时钟信号

并行信号赋值语句的实现如下：

```
……
signal clk1:std_logic:='0';
signal clk2:std_logic;
signal clk3:std_logic;
……
clk1<=not clk1 after clk_period/2;
clk2<='0'after clk_period/4 when clk2='1' else
   '1'after 3*clk_period/4 when clk2='0' else
   '1';              --此值实际上是定义 clk2 的起始值
Clk3<='0'after clk_period/4 when clk3='1' else
   '1'after 3*clk_period/4 when clk3='0' else
   '0';
……
```

【例 6-2】　使用 process 进程产生如图 6-6 所示的 clk1、clk2 信号。

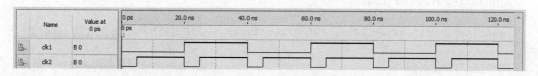

图 6-6　使用 process 进程产生时钟信号

观察图 6-6，我们也可以发现 clk1 为对称时钟信号，clk2 为非对称时钟信号，但这两种信号用 process 进程实现的方法基本一致。

```
……
signal clk1:std_logic;
signal clk2:std_logic;
……
clk1_gen:PROCESS
constant clk_period:time:=40ns;    --常量只在该进程中起作用
BEGIN
  clk1<='1';
  wait for clk_period/2;
  clk1<='0';
  wait for clk_period/2;
END PROCESS;
clk2_gen:PROCESS
constant clk_period:time:=20ns;   --常量只在该进程中起作用
BEGIN
  clk2<='0';
```

```
    wait for clk_period/4;
    clk2<='1';
    wait for 3*clk_period/4;
END PROCESS;
......
```

2. 复位信号的产生

数字系统往往需要复位信号对系统进行复位，以便初始化系统。Testbench 中产生复位信号方式也是两种，一种是并行赋值语句实现，另一种是在进程中设定。下面用例 6-3 加以说明。

【例 6-3】 如图 6-7 所示，请用并行信号赋值语句产生的 reset1 信号，用 process 进程产生 reset2 信号。

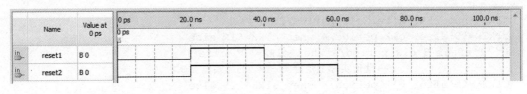

图 6-7　复位信号

程序如下：

```
signal reset1:std_logic;
signal reset2:std_logic;
......
reset1<='0','1' after 20ns, '0' after 40ns;  --用并行信号赋值语句产生的 reset1 信号

reset2_gen:PROCESS                            --用 process 进程产生 reset2 信号
BEGIN
    reset2<='0';
    wait for 20ns;
    reset2<='1';
    wait for 40ns;
    reset2<='0';
    wait;
END PROCESS;
......
```

3. 复杂周期信号的产生

对于复杂的周期性信号，一般可以使用 process 进程来产生。一般而言，较为关键的是正确判断出信号的周期。下面通过一个例子说明。

【例 6-4】 如图 6-8 所示，请用 process 进程来产生周期信号 clk1，clk2。

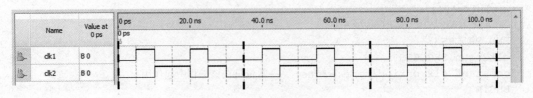

图 6-8　复杂周期性信号

观察图 6-8，我们可以发现两个周期信号 clk1，clk2 的周期均是 35ns，可在一个 process 进程中实现。

程序如下：

```
……
signal clk1,clk2:std_logic:='0';
……
TB:PROCESS
BEGIN
    clk1<='1'after 5ns, '0'after 10ns, '1'after 20ns, '0'after 25ns;
    clk2<='1'after 10ns, '0'after 20ns, '1'after 25ns, '0'after 30ns;
    wait for 35ns
END PROCESS;
……
```

或者可以采用下面的写法：

```
……
signal clk1,clk2:std_logic;
……
clk1_gen: PROCESS
BEGIN
    clk1<='0';wait for 5ns;
    clk1<='1';wait for 5ns;
    clk1<='0';wait for 10ns;
    clk1<='1';wait for 5ns;
    clk1<='0';wait for 10ns;
END PROCESS;
clk2_gen: PROCESS
BEGIN
    clk2<='0';wait for 10ns;
    clk2<='1';wait for 10ns;
    clk2<='0';wait for 5ns;
    clk2<='1';wait for 5ns;
    clk2<='0';wait for 5ns;
END PROCESS;
……
```

4. 使用 DELAYED 属性产生两相关性信号

delayed 是 VHDL 的预定义属性，使用它可以产生两个相关性的信号。如果已经产生了一个时钟信号，在这个时钟信号的基础上，可以使用 DELAYED 来使已经产生的时钟信号延迟一定的时间，从而获得另一个时钟信号。

假如我们已经使用如下的语句定义了一个时钟信号 W_CLK：

```
W_CLK<='1'after 30ns when W_CLK='0'else
    '0' after 20ns;
```

然后可以使用如下的延迟语句获得一个新的时钟信号 DLY_W_CLK，它比 W_CLK 延迟了 10ns：

DLY_W_CLK<= W_CLK'DELAYED（10ns）；

以上两个时钟信号波形如图 6-9 所示。

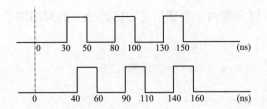

图 6-9　利用延迟语句由信号 W_CLK 产生

【例 6-5】　如图 6-10 所示，请编程实现信号 period1，period2 要求用到 DELAYED 属性。

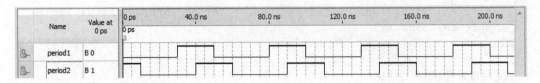

图 6-10　使用 DELAYED 属性产生两相关性信号

程序如下：

```
……
signal period1,period2:std_logic;
period1<='1'after 30ns when period1='0'else
         '0' after 20ns when period1='1'else
         '0';
Period2<=period1'delayed(10ns);   --利用 DELAYED 属性,由 period1 产生 period2
……
```

5. 一般的激励信号

一般的激励信号通常在 process 进程中定义,而在 process 进程中一般需要使用 wait 语句。所定义的普通的激励信号常用来做模型的输入信号。

【例 6-6】　如图 6-11 所示，请编程产生信号 test_vector1 和 test_vector2。

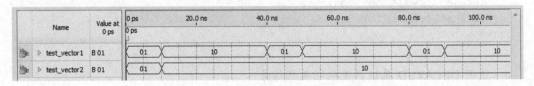

图 6-11　一般的激励信号 DLY_W_CLK

程序如下：

```
……
signal test_vector1:std_logic_vector(1 DOWNTO 0);
signal test_vector2:std_logic_vector(1 DOWNTO 0);
……
TB1:PROCESS                 --在进程 TB1 中产生信号 test_vector1
BEGIN
test_vector1<="01";
wait for 10ns;
test_vector1<="10";
```

```
wait for 30ns;
END PROCESS;

TB2:PROCESS                    --在进程 TB2 中产生信号 test_vector2
BEGIN
test_vector2<="01";
wait for 10ns;
test_vector2<="10";
wait;
END PROCESS;
……
```

【例 6-7】 输入信号 test_ab 和 test_sel 均为 2bit，试用 VHDL 产生这两个输入信号以覆盖所有的输入情况。输入信号向量 test_ab 和 test_sel 均为 2bit，产生的输入情况共有（2×2）×（2×2）=16 种可能。

实现程序如下：

```
……
signal test_ab:std_logic_vector(1 DOWNTO 0);
signal test_sel:std_logic_vector(1 DOWNTO 0);
……
double_loop:PROCESS
BEGIN
   test_ab<="00";
   test_sel<="00";
   FOR I IN 0 TO 3 LOOP
    FOR J IN 0 TO 3 LOOP
     wait for 10ns;
     test_ab<=test_ab+1;
    END LOOP;
    Test_sel<= Test_sel+1;
   END LOOP;
END PROCESS;
……
```

程序对应的时序图如图 6-12 所示。这里，Testbench 中使用了 for 循环。因为 Testbench 不需要综合，所以 for 循环的使用是合法的，但在设计中则不推荐使用 for 循环。

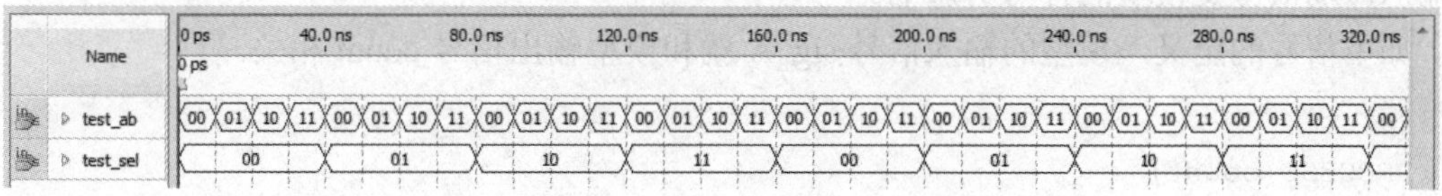

图 6-12　产生两个 test_vector 中所有可能的输入情况

需要特别注意的是，如果同一信号在两个进程中进行赋值，若在某些时间段内发生了冲突，就会出现不定状态，如例 6-8 所示。因此同一信号不允许在不同的进程中赋值。

【例 6-8】 同一信号在两个进程中进行赋值，在某些时间段内发生了冲突，出现不定状态的情况。

程序如下：

```
……
signal test_vector:std_logic_vector(2 DOWN TO 0);
signal reset:std_logic;
……
gen1:PROCESS
BEGIN
    reset<='1';
    wait for 100ns;
    reset<='0';
    test_vetor<="000";        --test_vector 在 gen1 中赋值
    wait;
END PROCESS;

gen2:PROCESS
BEGIN
    wait for 200ns;
    test_vetor<="001";        --test_vector 在 gen2 中赋值
    wait for 200ns;
    test_vetor<="011";        --test_vector 在 gen2 中赋值
END PROCESS;
……
```

对应的时序图如图 6-13 所示。

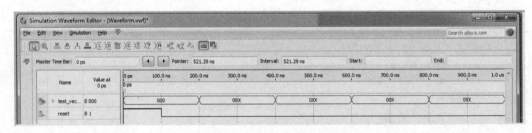

图 6-13　错误的激励信号

6. 动态激励信号

动态激励信号，就是输入激励信号与被仿真的实体（DUT）的行为模型相关，即 DUT 的输入激励信号受模型的行为所影响。

如下信号的定义，模型的输入信号 sig_A 就和模型输出信号 count 相关。

```
……
PROCESS(count)
BEGIN
  CASE count IS
  when 2=>
    sig_A<='1' after 10ns;
  when others=>
    sig_A<='0' after 10ns;
  END CASE
END PROCESS;
……
```

7. 测试矢量

在实际应用中，我们常常将一组固定的输入输出矢量值存储在一个常量表或一个 ASCII 文件中，然后将这些值应用到输入信号从而产生激励信号。这里所说的固定输入输出矢量值就称为测试矢量。矢量的值序列可以使用多维数组或使用多列记录来描述。

如下面的数据表存储了输入矢量：

```
CONSTANT NO_OF_BITS:INTEGER:=4;
CONSTANT NO_OF_VECTORS:INTEGER:=5;
TYPE TABLE_TYPE IS ARRAY (1 TO NO_OF_VECTORS) OF STD_LOGIC_VECTOR(1 TO
NO_OF_BITS);
CONSTANT INPUT_VECTORS:TABLE_TYPE:=("1001", "1000", "0010", "0000", "0110");
SIGNAL INPUTS:STD_LOGIC_VECTOR(1 TO NO_OF_BITS);
SIGNAL A,B,C:STD_LOGIC;
SIGNAL D:STD_LOGIC_VECTOR(0 TO 1);
```

假设所测试的实体（DUT）具有 4 个输入：A、B、C 和 D 信号，如果以一般的时间间隔应用测试矢量，则可以使用一个 GENERATE 语句，例如：

```
G1:for J in 1 to NO_OF_VECTORS generate
INPUTS<= INPUT_VECTORS(J) after (VECTOR_PERIOD*J);
END GENERATE G1;
A<=INPUTS(1);
B<=INPUTS(4);
C<=INPUTS(1);
D<=INPUTS(2 TO 3);
```

如果将信号应用于任意时间间隔，则需要使用并行的信号赋值语句产生多个信号的波形，使用这种方法可以将一个矢量赋值给多个信号，例如下面的代码：

```
INPUTS<= INPUT_VECTORS(1) after 10ns;
         INPUT_VECTORS(2) after 25ns;
         INPUT_VECTORS(3) after 30ns;
         INPUT_VECTORS(4) after 32ns;
         INPUT_VECTORS(5) after 40ns;
```

6.3.3　VHDL Testbench 测试基准实例

1. Testbench 设计实例

下面通过两个例子，分别说明 Testbench 在组合逻辑电路和时序逻辑电路中的应用。

【例 6-9】　2 位全加器的设计与验证。

2 位全加器设计的程序如下：

```
LIBRARY IEEE;
USE IEEE.std_logic_1164.all;
USE IEEE.std_logic_unsigned.all;

ENTITY adder_2 IS
  PORT (cin:in std_logic;
        a,b:in std_logic_vector(1 DOWNTO 0);
        s:out std_logic_vector(1 DOWNTO 0);
        cout:out std_logic);
END adder_2;
```

```
ARCHITECTURE beh OF adder_2 IS
signal sint: std_logic_vector(2 DOWNTO 0);
signal aa,bb: std_logic_vector(2 DOWNTO 0);
BEGIN
    aa<='0'& a(1 DOWNTO 0);
    bb<='0'& b(1 DOWNTO 0);
    sint<=aa+bb+cin;
    s(1 DOWNTO 0)<=sint(1 DOWNTO 0);
    cout<=sint(2);
EDN beh
```

设计好 2 位全加器后，需要对该电路进行验证，在这里，主要是验证对于所有可能的输入情况是否能够产生预期输出。程序中 cin 代表 1bit 的进位输入，a、b 表示 2bit 的相加数，s 为舍弃进位后 2bit 的和，cout 为进位输出。所以，需要设计产生 cin、a、b 三种信号以保证有 2×（2×2）×（2×2）=32 种输入情况，同时验证在对应的输入情况下，s 跟 cout 的输出是否符合要求，产生的 cin、a、b 三种信号波形如图 6-14 所示。

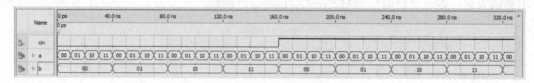

图 6-14　2 位全加器的激励信号

2 位全加器的验证，即 Testbench 如下：

```
--库、程序包的调用
LIBRARY IEEE
USE IEE.std_logic_1164.all;
--testbench 实体(空实体)定义
ENTITY adder_2_vhd_tst IS
END adder_2_vhd_tst;
ARCHITECTURE adder_2_arch OF adder_2_vhd_tst IS
SIGNAL a_t:STD_LOGIC_VECTOR(1 DOWNTO 0);
SIGNAL b_t:STD_LOGIC_VECTOR(1 DOWNTO 0);
SIGNAL cin_t:STD_LOGIC;
SIGNAL cout_t:STD_LOGIC;
SIGNAL s_t:STD_LOGIC_VECTOR(1 DOWNTO 0);
COMPONENT adder_2      --被测元件的声明
    PORT (
            a: IN STD_LOGIC_VECTOR(1DOWNTO 0);
            b: IN STD_LOGIC_VECTOR(1DOWNTO 0);
            cin: IN STD_LOGIC;
            cout: OUT STD_LOGIC;
            s:OUT STD_LOGIC_VECTOR(1DOWNTO 0)
        );
END COMPONENT;
BEGIN
    i1:adder_2       -被测元件的例化
    port MAP(a=>a_t,b=>b_t,cin=>cin_t,cout=>cout_t,s=>s_t);
```

```
--激励信号的产生
TB:PROCESS
BEGIN
    a_t<="00";b_t<="00";cin_t<="1";
    wait for 10ns;
    b_t<="01";
    wait for 10ns;
    b_t<="10";
    wait for 10ns;
    b_t<="11";
    wait for 10ns;

    a_t<="01" ;b_t<="00";
    wait for 10ns;
    b_t<="01";
    wait for 10ns;
    b_t<="10";
    wait for 10ns;
    b_t<="11";
    wait for 10ns;

    a_t<="10" ;b_t<="00";
    wait for 10ns;
    b_t<="01";
    wait for 10ns;
    b_t<="10";
    wait for 10ns;
    b_t<="11";
    wait for 10ns;

    a_t<="11" ;b_t<="00";
    wait for 10ns;
    b_t<="01";
    wait for 10ns;
    b_t<="10";
    wait for 10ns;
    b_t<="11";
    wait for 10ns;
END PROCESS.TB
END adder_2_arch;
```

以上 Testbench 就可以用来对 2 位全加器进行验证。

观察上面的 Testbench，我们发现，当加法器位数增加时，要覆盖所有可能的输入，此方法需要罗列的情况成倍数增加，代码书写将会非常麻烦，那么，有没有一种较为简单便捷的方法呢？与［例 6-7］方法类似，只要把进程中的程序转换成下面的方法即可。

```
TB:PROCESS
BEGIN
  a_t<=" 00" ;
  b_t<=" 00" ;
  cin_t<='00';
```

```
    FOR K IN 0 TO 1 LOOP
      FOR I IN 0 TO 3 LOOP
        FOR J IN 0 TO 3 LOOP
          wait for 10ns;
          a_t<=a_t+1;
        END LOOP;
        b_t<=b_t+1;
      END LOOP;
      cin_t<=NOT cin_t;
    END LOOP;
  END PROCESS TB;
```

相比原来的程序，这种方法的表述语句简洁且不易出错。

最后，仿真的结果如图 6-15 所示，通过对波形进行分析可知，本设计的功能正常。

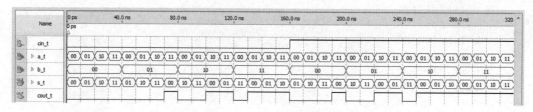

图 6-15　2 位全加器的验证

【例 6-10】　6 进制计数器的设计。

6 进制计数器的设计程序如下：

```
LIBRARY IEEE;
USE IEEE.std_logic_1164.all;
USE IEEE.std_logic_unsigned.all;
USE IEEE.std_logic_arith.all;

ENTITY cnt6 IS
  PORT(clr,en,clk:in std_logic;
    q:out std_logic_vector(2 DOWNTO 0) );
END cnt6;

ARCHITECTURE rtl OF cnt6 IS
signal tmp: std_logic_vector(2 DOWNTO 0);
BEGIN
  PROCESS(clk)
  BEGIN
    IF(clk'event and clk='1')THEN
      IF(clk='0')THEN
        tmp<="000";
      ELSIF (en='1')THEN
        IF(tmp="101")THEN
          tmp<="000";
        ELSE
          tmp<=unsigned(tmp)+'1';
        END IF;
      END IF;
```

```
    END IF;
   q<=tmp;
  END PROCESS;
END rtl;
```

同样，设计好 6 进制计数器后，需要对该电路进行验证，在这里，clr、en、clk 分别表示清零信号、使能信号、时钟信号，q 为 3 位计数输出信号。我们需要验证在 clk 时钟信号下，clr、en 分别置 0 和 1，对应的 q 是否输出期望值。

6 进制计数器的设计的验证，即 Testbench 如下：

```
--库、程序包的调用
LIBRARY IEEE
USE IEE.std_logic_1164.all;
--testbench 实体(空实体)定义
ENTITY cnt6_vhd_tst IS
END cnt6_vhd_tst;
ARCHITECTURE cnt6_arch OF cnt6_vhd_tst IS

SIGNAL clk:STD_LOGIC;
SIGNAL clr:STD_LOGIC;
SIGNAL en:STD_LOGIC;
SIGNAL q:STD_LOGIC_VECTOR(2 DOWNTO 0);
contant clk_period:time:=10ns;
COMPONENT cnt6                --被测元件的声明
    PORT(
        clk:IN STD_LOGIC;
        clr: IN STD_LOGIC;
        en:IN STD_LOGIC;
        q:OUT STD_LOGIC_VECTOR(2 DOWNTO 0)
        );
END COMPONENT;
BEGIN
  i1:cnt6                      --被测元件的例化
  PORT MAP(clk=>clk, clr=>clr, en=>en, q=>q);
--激励信号的产生
clk_gen:PROCESS
BEGIN
    wait for clk_period/2;
    clk<='1';
    wait for clk_period/2;
    clk<='0';
END PROCESS;

clr_gen:PROCESS
BEGIN
    clr<='0';
    wait for 20ns;
    clr<='1';
    wait;
END PROCESS;
```

```
en_gen:PROCESS
BEGIN
    en<='0';
    wait for 30ns;
    en<='1';
    wait;
END PROCESS;
END cnt6_arch;
```

以上 Testbench 就可以用来对 6 进制计数器进行验证。仿真的结果如图 6-16 所示，通过对波形进行分析可知，本设计功能正常。

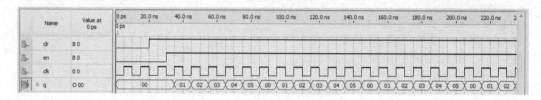

图 6-16　6 进制计数器的验证

2. VHDL Testbench 测试流程

下面以例 6-10 的 Testbench 程序 cnt6_vhd_tst 为例介绍仿真流程。

（1）安装 ModelSim

在安装 Quartus II 13.0 的同时，安装好 ModelSim-Altera 仿真软件， Quartus II 13.0 路径和查看方法可点选菜单"Tools\Options"，弹出 Options 设置界面，打开"EDA Tool Options"文件界面即可，即此处安装的路径为 C：\altera\13.0sp1\modelsim_ase\win32aloem\，如图 6-17 所示。

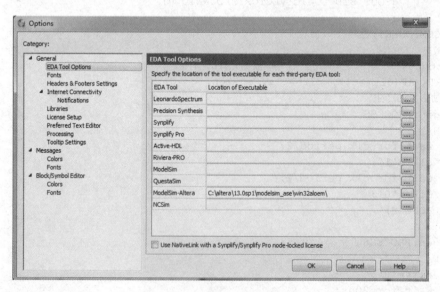

图 6-17　仿真工具路径查看

（2）为 Testbench 仿真设置参数

首先在 Quartus II 平台为［例 6-10］创建一个工程 cnt6，并将［例 6-10］Testbench 程序

编辑与［例 6-10］程序存入同一文件夹中，然后为 Testbench 设置相关参数。

在 Quartus II 的工程管理窗的 Assignments 菜单中选择 Settings，在弹出的对话框左栏 Category 中，选择 EDA Tool Settings 项的 Simulation，打开的界面如图 6-18 所示。

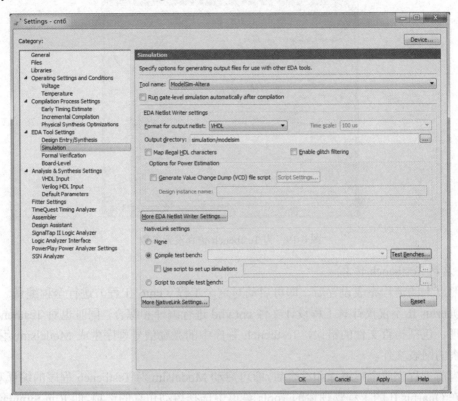

图 6-18 选择仿真工具名称和输出网表语言形式

在图 6-18 所示的窗口的 Tool name 栏输入仿真软件名：Modelsim_Altera（或默认）。在 "Format for output netlist" 选择 VHDL；在 "NativeLink settings" 栏选择 Compile test bench，并单击右侧的 " Test Benches... " 按钮，在弹出的窗口中设置相关参数。

单击 " Test Benches... " 按钮后弹出 Test Benches 窗口，单击 " New... " 按钮，即弹出 New Test Bench Settings 窗口，如图 6-19 所示。在 Test Bench name 栏输入 Testbench 程序的模块名，此处取名为 cnt6_vhd_tst，在 Top level module in test bench 栏输入 Testbench 程序的模块名，即 cnt6_vhd_tst，在下面的 Design instance...栏输入 Test Bench 程序中例化的待测模块名 cnt6 对应的例化名 U1。在 Simulation Period 栏中单击选中 End simulation at，在其中输入 1us，这是仿真周期，具体数据根据 Testbench 程序中激励信号程序描述情况来定，通常可以稍长一点。

最后在 File name 栏根据路径选择，或直接输入 Testbench 程序文件名，并单击右侧 " Add " 按钮，将文件加入。设置完成后即可逐步退出对话框。

如果这时尚无具体的 Testbench 程序内容，可以利用 Quartus II 产生 Testbench 程序的模板，再添加具体内容。方法是：首先在 Quartus II 工程管理窗口上点选菜单："Processing\Start\Start Test Bench Template Writer"，这时 Testbench 程序模版文件就已经生成，程序名是

cnt6_vht。此文件被放在当前的工程目录的 simulation/modelsim/文件夹中。在此模板上完成所有必须的程序编辑后，将后缀改为.vhd 后，即可仿真。

图 6-19　为 Testbench 仿真设置参数

3. 启动 Testbench 仿真

按照以上的流程完成设置后，即可启动对这个工程（cnt6 工程）进行全程编译。全程编译中，Quartus II 不仅仅针对工程设计文件 cnt.vhd 进行编译和综合，同时也对 Testbench 程序进行处理，包括检查文件的错误，Testbench 程序中的激励信号程序生成 Modelsim 用于完成时序仿真的网表文件。

对当前工程完成全程编译和综合后，即可启动 Modelsim 对 Testbench 程序的编译和仿真。方法是在 Quartus II 的工程管理窗的 Tools 菜单中选择启动仿真的选项，即 Run Simulation 项。此选项有两个自选项。即 RTL Simulation 和 Gate Leve Simulation。前者对应功能仿真，是直接对 Testbench 程序代码，特别是例化模块 cnt6 代码进行仿真；而后者是门级仿真，对应时序仿真，是对例化模块 cnt6 基于目标 FPGA 综合与配置后的文件进行的仿真，因此其输出结果包含了 cnt6 设计在指定 FPGA 目标器件的时序信息。

若选择后者进行仿真，将弹出一个 Gate Level Simulation 选择窗口，对时序模式 Timing mode 进行选择，通常选择默认值。

4. 分析 Testbench 仿真结果

图 6-20 所示的波形是选择了 RTL Simulation 的结果，即功能仿真的结果。可以将 Testbench 程序代码与此波形图对照起来分析，特别是对照图 6-20 上面的时间轴。

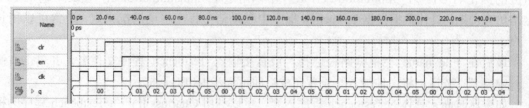

图 6-20　Testbench 输出的仿真波形

图 6-20 中，clk 为时钟信号，上升沿有效；q 为输出端，输出数据的格式是十六进制数；

clr 为清零信号，当 clr 为低电平时输出 q 为 0；en 端为时钟允许端，高电平时，正常计数，低电平时，计数器保持。

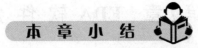

（1）Testbench 是一种效率较高的仿真手段。Testbench 可以模拟实际环境的输入激励和输出校验的"虚拟平台"，在这个平台上可以对设计电路从软件层面上进行分析和校验。另外，Testbench 可以在内部设置观测点，或者使用断言等技术，在错误定位方面有着独一无二的优势。

（2）Testbench 以语言的方式描述输入激励，不仅能够很方便地产生各种激励源，包括各种抽象的激励信号，而且 Testbench 易于修改，只需要进行一些小的修改就可以完成一个新的测试平台，重复性效率高。

（3）Testbench 也是 VHDL 的程序之一，它遵守 VHDL 基本程序的框架，但也具有自身的独特性。通常 Testbench 的基本结构包括库的调用、程序包的调用、空实体、结构化描述。在结构体描述中，一般包含被测试元件的声明、局部信号声明、被测试元件例化、激励信号的产生，与一般的 VHDL 程序不同的是，Testbench 里面的实体为空。

习　　题

6-1　在设计中常用到占空比为 50% 的时钟激励信号，但有时候也会用到占空比非 50% 的时钟信号，请用并行信号赋值语句分别产生占空比为 50% 和 75% 的两个时钟信号。

6-2　用 VHDL 语言编写一个十进制计数器，其中输入信号包括：clr、clk、en，分别为清零信号、时钟信号和使能信号，q 为 4 位计数输出信号。编写完成后需要对该电路进行验证，即完成该十进制计数器的 Testbench 编写。

6-3　若要仿真某计数器，需要图 6-21 所示的输入激励，用 Testbench 描述图中的输入激励的波形，图中的时钟频率为 100MHz。

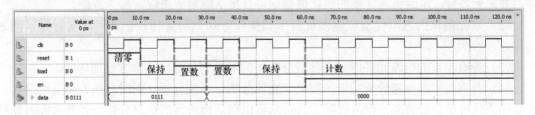

图 6-21　计数器输入波形图

第 7 章　EDA 软 件 介 绍

随着电子技术和计算机技术的发展，电子产品已与计算机紧密相连，电子产品的智能化日益完善，电路的集成度越来越高，而产品的更新周期却越来越短。EDA 技术是在电子 CAD 技术基础上发展起来的计算机软件系统。它以计算机为工作平台，融合了应用电子技术、计算机技术、信息处理及智能化技术的最新成果，从而进行电子产品的自动设计。利用 EDA 工具，电子设计师可以从概念、算法、协议等开始设计电子系统，大量工作可以通过计算机完成，并可以将电子产品从电路设计、性能分析到设计出 IC 版图或 PCB 版图的整个过程在计算机上自动处理完成。与早期的 CAD 软件相比，EDA 软件的自动化程度更高、功能更完善、运行速度更快，而且操作界面友善，有良好的数据开放性和互换性。

EDA 常用软件层出不穷，目前进入我国并具有广泛影响的 EDA 软件有：Multisim、Pspice、OrCAD、Protel、Viewlogic、MAX+plusII、QuartusII 等。本章主要介绍 Multisim12.0 和 QuartusII 的应用。

7.1　Multisim12.0 软件介绍

Multisim12.0 是美国国家仪器有限公司推出的以 Windows 为基础的仿真工具，适用于板级的模拟/数字电路板的设计工作。软件包含了电路原理图的图形输入、电路硬件描述语言输入方式，具有丰富的仿真分析能力，再结合直观的捕捉和功能强大的仿真，能够快速、轻松、高效地对电路进行设计和验证。

它具有以下特点：

（1）采用直观的图形界面创建电路，在计算机屏幕上模仿真实实验室的工作台，创建电路需要的元器件，电路仿真需要的测试仪器均可直接从屏幕上选取，操作方便。

（2）软件提供的虚拟仪器控制面板外形和操作方式都与实物相似，可以实时显示测量结果。

（3）带有丰富的电路元件库。元件被分为不同的系列，可以非常方便地选取。

（4）具有强大的电路分析功能，提供了直流分析、交流分析、瞬时分析、傅立叶分析、传输函数分析等分析功能。作为设计工具，它可以同其他流行的电路分析、设计和制板软件交换数据。

（5）它还是一个优秀的电子技术训练工具，利用它提供的虚拟仪器可以用比实验室中更灵活的方式进行电路实验，仿真电路的实际运行情况，熟悉常用电子仪器的测量方法，因此非常适合电子类课程的教学和实验。

为方便初学者快速入门，本书以汉化后的 Multisim12.0 进行讲解，实际的英文原版在界面风格、操作方式等和汉化后的 Multisim12.0 没有区别。本节采用例程讲解的方式介绍 Multisim12.0 的基本功能及操作，引领初学者用 Multisim12.0 进行简单电路的绘制、仿真、测试，并验证结果。

7.1.1 Multisim12.0 软件基本界面

启动 Multisim12.0，其基本界面如图 7-1 所示。从图中可以看出，Multisim12.0 基本界面由菜单栏、系统工具栏、设计工具栏、使用中的元件列表、连接按钮、仪表工具栏、电路窗口和状态栏等组成。

1. 菜单栏

Multisim12.0 软件的菜单栏与其他 Windows 应用程序相似，现仅介绍常用主菜单。

（1）文件：新建、打开、关闭、保存项目或文件；打印设置、退出程序等。

（2）编辑：复制、粘贴等类似于 Windows 的常规操作；翻转、对齐元器件等。

（3）视图：缩放电路图，配置程序工具栏等。

（4）绘制：绘制电路图的主要工具栏，放置各种元器件、结、导线等，大部分有外部快捷按钮。

（5）MCU：单片机的应用与设计。

（6）仿真：电路图仿真选项和开关、仿真仪表调用等。

（7）转移：主要为生成其他 PCB 软件使用文件而设置的选项。

（8）工具：其他辅助工具、向导等。

（9）报告：电路图生成的仿真报表，元器件电子表格等。

（10）选项：电路图属性、自定义界面等通用选项。

（11）窗口：窗口切换、排列选项等。

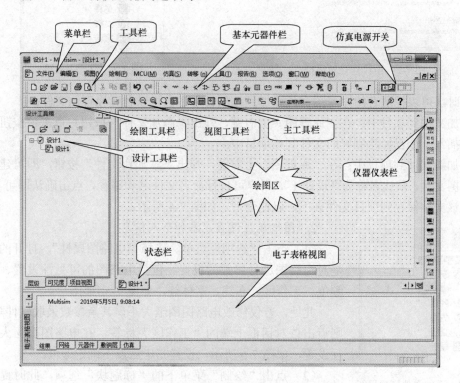

图 7-1 Multisim12.0 基本界面

2．外部快捷按钮栏

包括工具栏、视图工具栏、仿真电源开关、基本元器件栏、主工具栏、仪器仪表栏、电子表格等。也可以通过"视图"菜单下的"工具栏"选项进行自定义工具栏，配置自己常用的外部工具按钮。

3．设计工具箱

即工程管理器，对工程、图纸等进行管理。

4．状态栏

系统状态显示、图纸切换等。

7.1.2　项目及原理图文件的创建

下面介绍 Multisim12.0 项目及原理图文件的创建过程。

1．建立新项目及文件

（1）启动 Multisim12.0 程序，出现如图 7-1 所示的主界面。

（2）打开"文件"菜单下的"项目与打包"，出现如图 7-2 所示的对话框。

更改项目名称及项目位置，设置完毕后点击确定，新项目建立完成。此时点击设计工具箱下面的项目视图标签可以看到新项目。如图 7-3 所示。

图 7-2　项目建立对话框

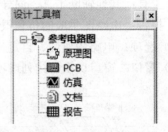

图 7-3　设计工具箱

此时，可以把现有的原理图文件添加到该项目中，也可以新建原理图文件。

添加文件到项目中：在"原理图"上右键，弹出"添加文件"按钮，点击该按钮即可按照路径插入一个已经绘制好的文件到该项目中。

添加新文件到项目中：在"原理图"上右键，弹出"添加新文件"按钮，即可建立一个新电路图文件，默认名称为"设计 1"，用户可自行命名文件名和路径，点击确认即可。另外，可以把该文件保存到项目文件夹下，以便管理。如图 7-4 所示。

图 7-4　添加文件到项目

2．图纸属性设置、添加个人信息

（1）点击"选项"菜单，选择"电路图属性"，打开的对话框是对电路图进行参数的设置。包括电路图的可见性设置、图纸的颜色、工作区、布线、字体等，如图 7-5 所示。

此处，若仅修改电路图图纸大小，其余参数采取软件默认值，则点击该对话框上端的"工作区"标签，在电路图页面大小处进行设置，如图 7-6 所示，设置完毕后点击确定即可。

（2）点击"绘制"菜单下的"标题块"选项，此时提示打开标题栏文件，选择一个标题栏文件，如 default.tb7，放置到绘图区右下角，然后双击该标题栏，弹出编辑界面，用户自行填写即可。

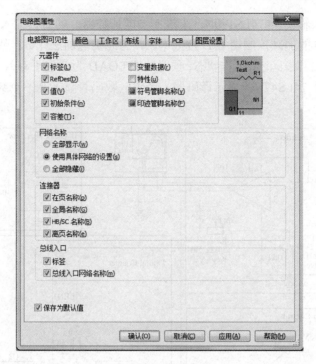

图 7-5 电路图属性对话框

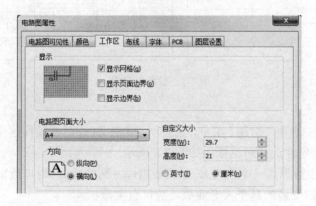

图 7-6 图纸设置对话框

7.1.3 原理图的绘制与仿真

下面以图 7-7 所示的参考电路图为例，简要介绍原理图的绘制及仿真过程。其中包括元器件的调用、电路的连接、虚拟仪器的使用和电路分析方法等内容，从而使读者对软件的使用情况有一个初步的认识。

按照图 7-7 所示电路，将完成以下要求：

（1）绘制电路图；

（2）仿真得到滤波前后波形，数码管从 0～9 逐次递增；

（3）进行交流仿真，验证滤波器的频率响应；

（4）生成材料报告表单。

该电路的工作原理是：幅值为 0.2V，频率为 1kHz 的交流信号源送至集成运放的同相输入端，信号经过放大输出至 74LS190N（十进制加减计数器）的时钟输入端 CLK，为该芯片提供计数脉冲；芯片的加减控制端 U/D 接低电平，因此实现加法计数；使能端 CTEN 通过开关接低电平时，计数器处于正常工作状态；预置数端 LOAD 为低电平有效；输出端 $Q_D Q_C Q_B Q_A$ 为 8421BCD 码，经 74LS47N（显示译码器）译码，数码管显示脉冲个数，从而实现采样信号的计数功能。

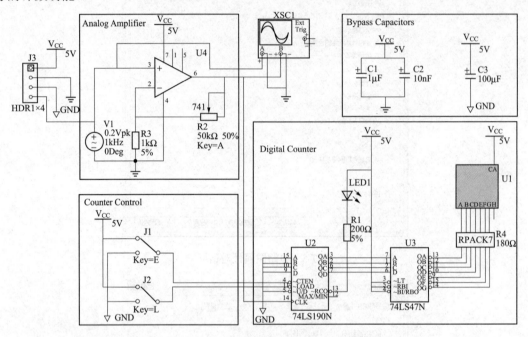

图 7-7　参考电路图

1. 绘制电路图

（1）选择元器件。点击"绘制"菜单，选择"元器件"（亦可在绘图区空白处右键选择"放置元器件"），弹出元器件选择对话框，如图 7-8 所示。

1）数据库：含主数据库（本机内）、公司数据库（网络版）、用户数据库（个人自己建立的数据库），因为我们安装的是个人专业版，故仅有主数据库。

2）组：元器件组。依次包含电源、基础元件、二极管、三极管、模拟运放、TTL 电路、CMOS 电路、单片机、高级外设、射频元件、机电元件、梯图等。

3）系列：按组分类的器件系列。每个组包含的系列都有对应的快捷按钮，可通过"视图"菜单里面的"工具栏"选项调出。

4）元器件：每个系列包含的元件。

5）符号：元器件符号。

6）功能描述：器件功能描述。

（2）放置元件。若要放置图 7-7 中电压为 5V 的 VCC 电源，则选择组里面的"Source（电源库）"，再选择系列里面的"Power_Sources"，元件里面找到"VCC"，单击"确定"按钮或者双击所选器件。此时鼠标下悬停着该选中器件，在绘图区合适的位置点击左键即可放置该器件到指定位置上。也可以点击图 7-8 中的"搜索"按钮，弹出如图 7-9 对话框，在"元器件"内输入"VCC"点击"搜索"按键，即可找到欲搜寻的器件，如图 7-10 所示，点击"确认"，放置到电路图中即可（注：此方法快速便捷，可搜索器件库内存在的各种元件，务必掌握该方法，可大大提高绘图效率）。

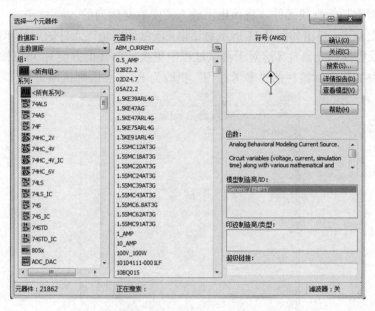

图 7-8　元器件选择对话框

图 7-9　搜索栏对话框

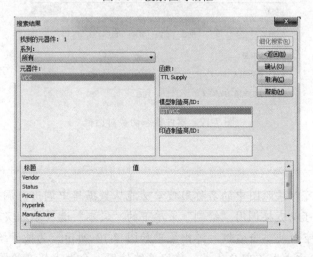

图 7-10　搜索结果

（3）更改元器件属性。在选择放置元器件时，可以根据需要随时更改元器件属性。以参考电路图中的 R3 为例，点击放置基本元件 ⁓⁓ 图标，可以从系列中选择电阻值为 1.0kΩ 的电阻，也可以用搜索功能查找元件，将该电阻放入图中后是横向的。

在此电阻上双击，弹出如图 7-11 所示对话框，该对话框是该元件的属性和参数；点击"替换"按钮后可以更换该元器件（这对于测试过程中更换元器件很方便）；可以按照需要更改该元器件的各种参数。将标签栏的"参考标识"更改为 R3，点击确认即可。

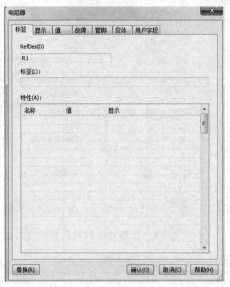

图 7-11　元件参数属性更改对话框

（4）更改元器件方向。选中该电阻（可用鼠标圈中或点中），点击菜单栏的"编辑"下的"方向"，选择"90°顺时针方向"即可把该器件顺时针旋转 90°，变成垂直方向。

（5）更改可调器件控制方式。如开关、电位器等可调器件，可以双击该器件，察看器件参数栏，即可看到控制按键；仿真调试过程中可以选中该器件，用控制键来控制器件的状态。更改可调器件控制方式对话框如图 7-12 所示。

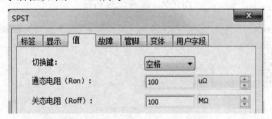

图 7-12　器件状态切换对话框

注　意

1）其余器件可以按照图中的名称用搜索功能从数据库中调出，调整属性和参数。

2）文字标注可以直接调用"绘制"菜单下的"文本"选项添加实现。

3）在绘图区空白处单击右键，弹出菜单如图 7-13 所示。为便于绘图操作，该菜单对常用的操作快捷方式做了部分集成，建议熟练使用，会大大提高绘图效率。

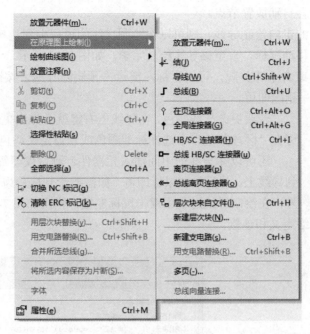

图 7-13　右键菜单

（6）连接电路图。依次将电路中的所有元器件放置到绘图区合适位置，如图 7-14 所示。

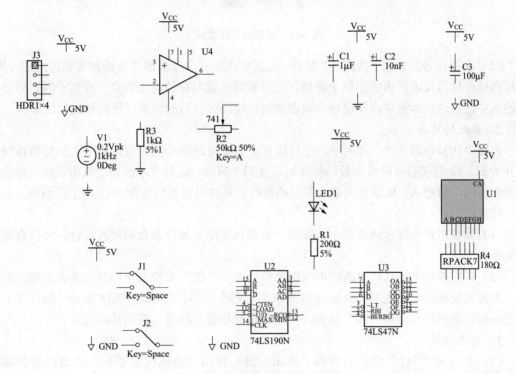

图 7-14　初步放置好的电路元件

将鼠标指针移动到所要连接元件的引脚上，鼠标指针就会变成中间有黑点的十字。单击鼠标左键并拖指针至另一元件的引脚，点击鼠标，就可将两个元件的引脚连接起来。两条以上连线交叉时，系统会自动放置节点。

　　若需要按照特定的走向绘制导线，则可以在绘制导线的过程中到达预定位置后点击鼠标左键一次，然后继续移动鼠标，直至该导线绘制完毕，如图 7-15 所示。

　　若绘制导线出错或者不够美观，可用鼠标左键点击预删除导线，按键盘的"Delete"键删除即可。

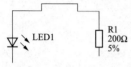

图 7-15　导线位置调整

　　若要更改导线颜色，在导线上右键就会弹出更改导线颜色的选项，可在"区段颜色"中选择标准颜色或者自定义颜色，然后点击确认。

　　还可以在导线的中间插入元器件、测试仪器等，只要把元器件拖到导线上，然后释放鼠标即可。如需要绘制标号为"Enable"的网络标号，在绘制导线过程中双击鼠标左键，弹出如图 7-16 的对话框，更改网络名称即可实现网络定义和连接。

图 7-16　网络标号对话框

　　(7) 虚拟仪器的连接。按图 7-7 要求，还需要连接一个示波器来分析和观察电压的波形。鼠标指针在仪器仪表栏内的图标上悬停，可以看到仪器名称的提示信息，找到示波器后单击左键选中，拖动鼠标再单击左键将示波器放置在绘图区合适的位置，连接好测试线即可。

　　2. 系统的仿真

　　点击"仿真电源开关" ⌷⌷⌷ ，进行仿真，如果电路图绘制无误，用定义的切换按键切换开关 J1、J2 的状态可以看到数码管开始从 0 到 9 闪动；此时在示波器上双击左键，弹出示波器面板图，调整 A、B 通道的幅度和扫描时间，最终可以得到如图 7-17 所示的波形。

　　注意：

　　(1) 如数码管不显示或者得不到波形，请检查电路元器件是否和例程符合，并检查导线连接是否无误。

　　(2) 可以调用主工具栏里面的电气规则检查工具 "☑" 来检查电路连接是否正确。运行该工具前先配置好电气规则检查选项和"ERC"规则，其对话框如图 7-18 所示，运行该工具后电路图有误的位置会有 "φ" 标识，可以依据此项进行检查，进而排除错误。

　　3. 交流分析

　　(1) 在运放"741"的第六管脚上双击左键，弹出网络属性对话框，更改网络名称为"analog_out"，然后点击确认；

　　(2) 选择"仿真"菜单里面的"分析"选项里面的"交流分析"项，弹出对话框如图 7-19 所示；

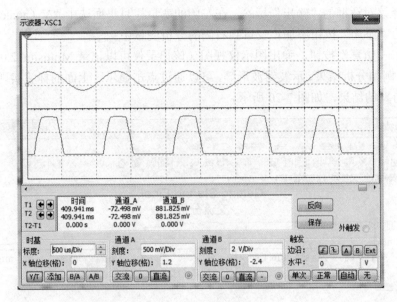

图 7-17　仿真波形

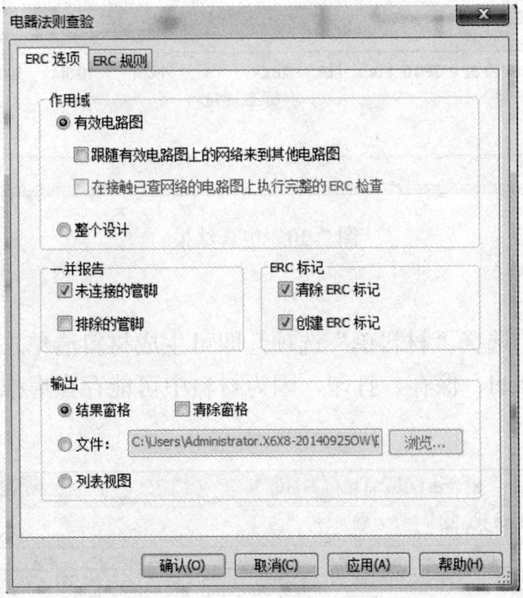

图 7-18　ERC 规则对话框

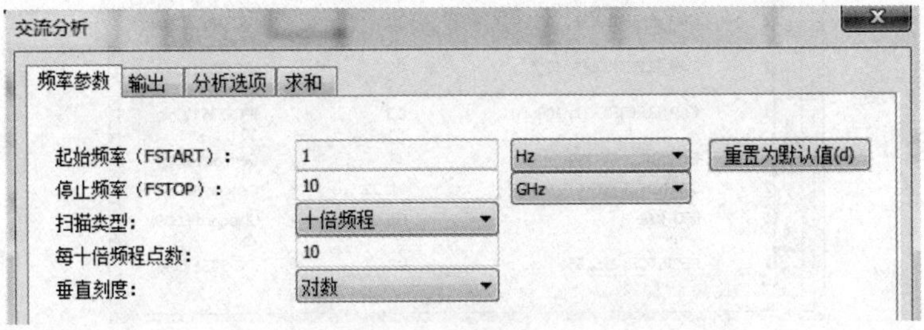

图 7-19　交流分析对话框

（3）选择该对话框的“输出”标签，在左侧的变量栏目里面选中“V（analog_out）”，然后点击中间的“添加”按钮添加该变量到右侧的分析变量中；

（4）点击“仿真”按钮，弹出图示仪视图（该记录仪可以记录 Multisim12.0 里面的多种图形和表格，例如分析结果、示波器波形等，可以通过点击显示区上面的标签实现图形切换），此图形就是仿真的结果，如图 7-20 所示。

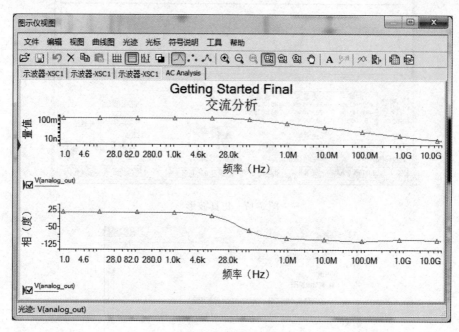

图 7-20 仿真结果

4. 生成材料单

点击“报告”菜单，选择“材料单”选项，即可生成材料清单，如图 7-21 所示。可以将该表单导入 Microsoft Excel、保存、打印，因为材料中可能存在虚拟器件，可以点击 Vir 按钮单独列出虚拟器件。

	数量	描述	RefDes	封装
1	1	RPACK_VARIABLE_2X7, 180 Ohm	R4	IPC-2221A/22 P-14
2	1	SEVEN_SEG_DECIMAL_COM_A_BLUE	U1	Generic\7SEG8 0A
3	1	74LS, 74LS47N	U3	IPC-2221A/22 O16
4	1	CAP_ELECTROLIT, 1uF	C1	IPC-7351\Chip 10
5	1	CAP_ELECTROLIT, 10nF	C2	IPC-7351\Chip 10
6	1	CAP_ELECTROLIT, 100uF	C3	IPC-7351\Chip 10
7	1	GENERIC, HDR1X4	J3	Generic\HDR1X
8	2	SWITCH, SPDT	J1, J2	Generic\SPDT
9	1	LED_blue	LED1	Ultiboard\LED9 Vb
10	1	RESISTOR, 1kΩ 5%	R3	IPC-7351\Chip

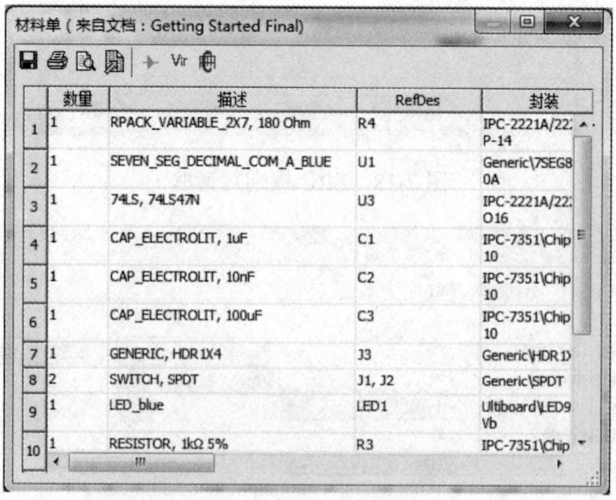

图 7-21 电路材料单

7.1.4　虚拟仪器的介绍

Multisim12.0 中集成了丰富的虚拟仪器，完全可以满足仿真的需要。工具栏中的虚拟仪器如图 7-22 所示。

图 7-22　虚拟仪器栏

在仪器栏中从左至右依次为万用表、函数发生器、瓦特计、双踪示波器、四踪示波器、波特图示仪、频率计数器、字发生器、逻辑变换器、逻辑分析仪、IV 分析仪器、失真分析仪、光谱分析仪、网络分析仪、Agilent 函数发生器、Agilent 万用表、Agilent 示波器、Tektronix 示波器、测量探针、Labview 仪器（含麦克风、扬声器、信号发生器、信号分析仪）、NI ELVISmx 仪器、电流探针。

（1）数字万用表，图标和面板如图 7-23 所示。数字万用表自动调整量程，可测量交、直流电压、电流、电阻等。可设置电压挡、电流挡的内阻，电阻挡的电流值以及分贝档的标准电压值。单击面板上的"设置"可以根据实际需要设置万用表的参数。

（2）函数发生器，图标和面板如图 7-24 所示。信号发生器可产生正弦波、三角波、方波。可以调节频率、占空比、幅度和偏置电压，可在面板上直接修改，幅度参数指信号波形的峰值，占空比主要用于三角波和方波的调整。

图 7-23　数字万用表图标和面板

图 7-24　函数发生器图标和面板

（3）双踪示波器，图标和面板如图 7-25 所示。双踪示波器的操作与实际示波器相同。通过拖动面板上部的两个游标，可以详细读取波形任一点的读数及两个指针间读数的差。按下"反向"按钮可改变屏幕的背景颜色，按"保存"按钮可按 ASCII 码格式存储波形读数。四踪示波器和双踪示波器类似。

（4）波特图示仪，图标和面板如图 7-26 所示。波特图示仪是一种测量和显示电路的幅频特性和相频特性曲线的仪表。能产生一个频率范围很宽的扫描信号，常用于分析滤波电路的特性。波特图示仪有 IN 和 OUT 两对端口，使用时 IN 端接信号源，OUT 端接电路被测信号，测量时可设置显示窗口垂直轴的分贝值及水平轴的频率范围。

（5）逻辑分析仪，图标和面板如图 7-27 所示。逻辑分析仪可以同步记录和显示 16 路逻辑信号，用于对数字逻辑信号进行高速采集和时序分析。图标的左侧从上至下有 16 个输入端子，使用时接到电路的测量点。图标下部有 3 个端子，C 是外时钟输入端，Q 是时钟控制输入端，T 是触发控制输入端。

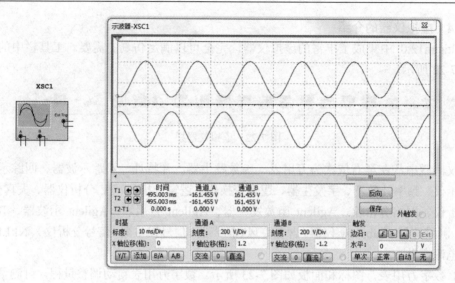

图 7-25　双踪示波器图标和面板

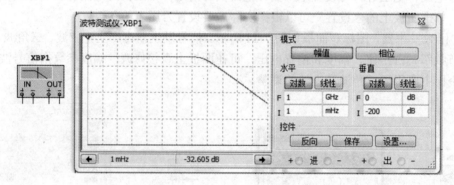

图 7-26　波特图示仪图标和面板

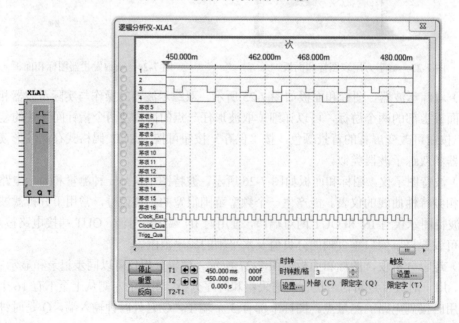

图 7-27　逻辑分析仪图标和面板

7.2　Quartus II 开发软件介绍

Altera 的 Quartus II 可编程逻辑软件属于第四代 PLD 开发平台。Altera 是世界上最大可编程逻辑器件的供应商之一，Quartus II 作为一种可编程逻辑的设计环境，由于其强大的设计能力和直观易用的接口，越来越受到数字系统设计者的欢迎。Quartus II 设计软件是业界唯一提供 FPGA 和固定功能 HardCopy 器件统一设计流程的设计工具，界面友好，使用便捷，在 Quartus II 上可以完成设计输入、元件适配、时序仿真和功能仿真、编程下载等整个设计流程。

7.2.1　Quartus II 开发系统的特点

1. 开放的界面

Quartus II 具有开放性、多平台、完全集成化、丰富的设计库、模块化工具等特点，支持原理图、VHDL、VerilogHDL 以及 AHDL（Altera Hardware Description Language）等多种设计输入形式，内嵌自有的综合器以及仿真器，可以完成从设计输入到硬件配置的完整 PLD 设计流程。

2. 与结构无关

Quartus II 支持 Altera 公司的 MAX 3000A 系列、MAX 7000 系列、MAX 9000 系列、ACEX 1K 系列、APEX 20K 系列、APEX II 系列、FLEX 6000 系列、FLEX 10K 系列，支持 MAX7000/MAX3000 等乘积项器件。支持 MAX II CPLD 系列、Cyclone 系列、Cyclone II、Stratix II 系列、Stratix GX 系列等。此外，Quartus II 通过和 DSP Builder 工具与 Matlab/Simulink 相结合，可以方便地实现各种 DSP 应用系统；支持 Altera 的片上可编程系统（SOPC）开发，集系统级设计、嵌入式软件开发、可编程逻辑设计于一体，是一种综合性的开发平台，提供了世界上唯一真正与结构无关的可编程逻辑设计环境。使用者无需精通器件内部的复杂结构，只需用自己熟悉的设计输入工具，如原理图或硬件描述语言进行设计。Quartus II 将这些设计转换为目标结构所要求的格式，设计处理一般在数分钟内完成。

3. 完全集成化

Quartus II 的设计输入、处理与校验功能全部集成在统一的开发环境下，这样可以加快动态调试、缩短开发周期。

4. 丰富的设计库

Quartus II 提供丰富的库单元供设计者调用，支持 IP 核，包含了 LPM/MegaFunction 宏功能模块库，用户可以充分利用成熟的模块，简化了设计的复杂性、加快了设计速度。Quartus II 软件还允许设计人员添加自己认为有价值的宏功能模块，充分利用这些逻辑功能模块，可大大减少设计工作量。

5. 模块化工具

设计人员可以从各种设计输入、处理和校验选项中进行选择从而使设计环境用户化。

7.2.2　Quartus II 设计过程

1. 设计流程

使用 Quartus II 软件开发设计流程由以下几部分组成。如图 7-28 所示。

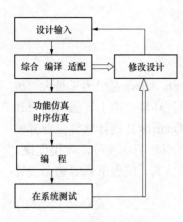

图 7-28　设计流程图

（1）设计输入。在对一个任务有设计构想的情况下，可以采用原理图输入、文本输入方式。

（2）综合、编译、适配。先根据设计要求设定编译参数和编译策略，如器件的选择、逻辑综合方式的选择等。然后根据设定的参数和策略对设计项目进行网表提取、逻辑综合和器件适配，并产生报告文件、延时信息文件及编程文件，供分析仿真和编程使用。

（3）功能仿真、时序仿真。功能仿真是指在不考虑器件延时和布线延时的理想情况下对源代码进行逻辑功能的验证。时序仿真是在布局布线后进行，它与特定的器件有关，包含了器件和布线的延时信息，主要验证程序在目标器件中的时序关系。

（4）器件编程与验证。用经过仿真确认后的编程文件，按照器件或实验箱核心芯片配置文件指定引脚后，通过编程器（Programmer）将设计下载到实际芯片中，最后测试芯片在系统中的实际运行性能。

在设计过程中，如果出现错误，则需重新回到设计输入阶段，改正错误或调整电路后重复上述过程。

图 7-29 是 Quartus II 编译设计主控界面，它显示了 Quartus II 自动设计的各主要处理环节和设计流程，包括设计输入编辑、分析与综合、适配、汇编、仿真及编程下载。

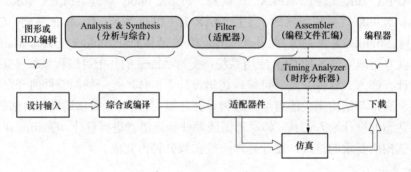

图 7-29　编译设计主控界面

2. 具体的设计步骤

（1）建立项目，初始化项目，选择器件。

（2）针对设计任务，输入源文件（原理图、功能模块、编程语言及波形输入方式）。

（3）综合项目，编译输入文件并针对器件进行适配，检查设计是否存在违反设计规则的设计错误。

（4）进行功能仿真，验证设计构想是否正确，之后进行分析并综合。

（5）进行时序仿真，验证针对器件的设计功能能否实现。

（6）针对实际的电路硬件（实验箱），绑定输入输出对应的管脚至实际核心芯片引脚。

（7）编程下载，将项目文件下载至实验箱，用硬件验证设计的正确性。

Quartus II 软件功能强大，在设计过程中会产生多种类型的设计文件，表 7-1 列出了常见的几种设计文件格式。

表 7-1 Quartus II 常见文件格式

设计步骤	文件类型	文件格式（后缀）
设计输入	Quartus II Project File	.qpf
	Block Diagram/Schematic File	.bdf
	VHDL Design File	.vhd
	Verilog Design File	.v
	AHDL File	.tdf
	Memory Initialization File	.mif
仿真调试文件	University program vwf	.vwf
指配	Quartus II Settings File	.qsf
编程文件	Programmer Object File	.pof
配置文件	SRAM Object File	.sof
引脚输出文件	Pin-Out File	.pin
其他文件	Block Symbol File	.bsf

3. Quartus II 的原理图输入设计方法

利用 EDA 工具进行原理图输入设计的优点是：设计者能利用原有的电路、电子等基础知识迅速入门，完成较大规模的电路系统设计，而不必具备许多诸如编程技术、硬件语言等专业知识。

Quartus II 提供了功能强大，直观便捷和操作灵活的原理图输入设计平台，同时还配备了满足各种需要的元件库，其中包含基本逻辑元件库（如逻辑门、触发器等）、宏功能元件（包含了几乎所有 74 系列的器件），以及功能强大，性能良好的类似于 IP Core 的功能块 LPM 库。但更为重要的是，Quartus II 还提供了原理图输入多层次设计功能，使得用户能采用模块化的方式设计更大规模的电路系统，以及操作方便且精度良好的时序仿真器。与传统的数字电路实验相比为例，Quartus II 提供原理图输入设计功能具有显著的优势：

（1）能进行任意层次的数字系统设计。传统的数字电路实验只能完成单一层次的设计，使得设计者无法了解和实现多层次的硬件数字系统设计。

（2）对系统中的任一层次，或任一元件的功能能进行精确的时序仿真，精度达 0.1ns，因此能发现一切对系统可能产生不良影响的竞争冒险现象。

（3）通过时序仿真，能迅速定位电路系统的错误所在，并纠正。

（4）能对设计方案作随时更改，并储存入档设计过程中所有的原理图文件和仿真文件。

（5）通过编译和编程下载，能在 FPGA 或 CPLD 上对设计项目即时进行硬件验证。

（6）如果使用 FPGA 和配置编程方式，将不会有任何器件损坏和损耗。

（7）符合现代电子设计技术规范。传统的数字电路实验利用手工连线的方法完成元件连接，容易对学习者产生误导，以为只要将元件间的引脚用引线按电路图连上即可，而不必顾及引线的长短、粗细、弯曲方式可能产生的分布电感和电容效应以及电磁兼容性等十分重要的问题。

以下将通过实际任务的设计过程简单介绍软件的使用方法及原理图输入设计的过程。

7.2.3 Quartus II 软件的基本操作与应用

下面以 60 进制计数器（原理图方式）的设计为实例介绍 Quartus II 软件的最基本、最常用的一些功能。通过实例可初步了解可编程器件的设计全过程，初步掌握 Quartus II 软件的基本操作与应用。60 进制计数器的原理图请参考图 7-30，具体步骤如下。

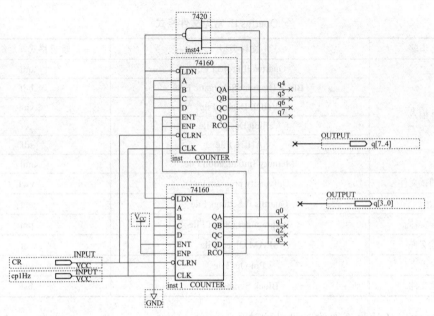

图 7-30　60 进制计数器

1. 建立项目

任何一项设计都是一项工程（Project），都必须首先为此工程建立一个放置与此工程相关的所有文件的文件夹，此文件夹将被 EDA 软件默认为工作库（Work Library）。一般不同的设计项目最好放在不同的文件夹中。注意，一个设计项目可以包含多个设计文件。在指定工程路径之前，可以先新建一个工程文件夹，新建的工程文件夹可以用英文或数字进行命名，命名中不能存在中文或空格，空格需用下划线"_"代替，且工程文件夹的保存路径不支持中文路径必须是英文路径，否则无法编译。

（1）启动 Quartus II 软件。单击"开始"进入"所有程序"选中"Altera"，打开"Quartus II 13.0sp1"，点击" Quartus II 13.0sp1 （64-bit）"打开 Quartus II 软件，进入如图 7-31 所示的主界面。

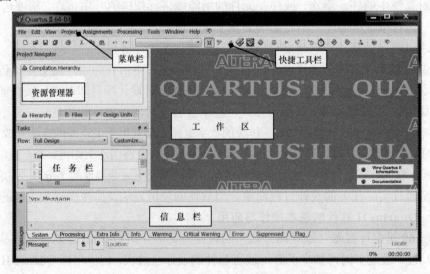

图 7-31　Quartus II 13.0 SP1 64-bit 主界面

（2）新建工程。启动 File\New Project Wizard 菜单，弹出新建工程项目向导对话框，如图 7-32 所示，在该向导中，我们可以完成对工程项目的初始化设置。

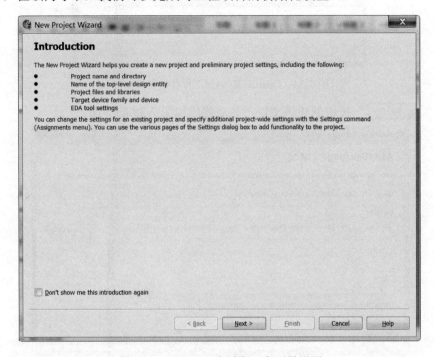

图 7-32　Quartus II 创建新工程引导界面

点击"　Next >　"按钮，进入具体的工程设置，如图 7-33 所示，在该界面下设置工程的保存路径、工程的名称及工程顶层文件名称，工程名称应与顶层文件名称保持一致。点击"　…　"可选择已有的文件夹作为工程保存路径。在本例中，工程保存在"F:/shudianshixilianxi/lianxi/60jinzhi"，工程和顶层文件名称均为"60jinzhi"。

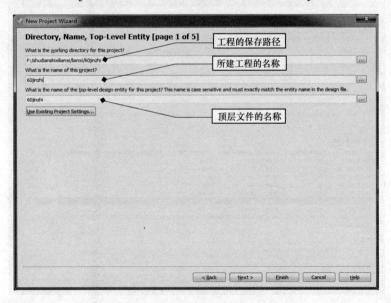

图 7-33　Quartus II 创建工程文件

点击"　Next >　"，弹出图 7-34 所示的对话框，提示不存在该文件夹，

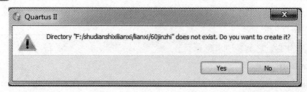

图 7-34　Quartus II 创建工程存放文件路径

点击"　Yes　"按钮创建该文件，之后弹出如图 7-35 的界面。

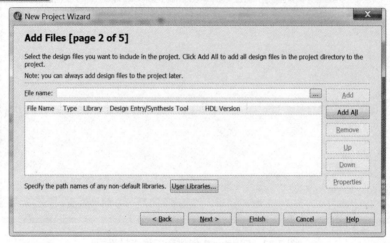

图 7-35　Quartus II 为新工程添加已有文件

如果有已经存在的文件需要加入工程中，在该界面下，我们可以将已有的文件添加到新建的工程当中，如果没有需要添加的文件，可不进行设置，直接点击"　Next >　"按钮，打开指定器件设置界面，如图 7-36 所示。

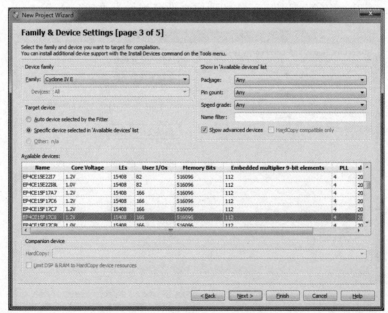

图 7-36　Quartus II 为新工程指定器件

对于不需要下载到开发板而只想软件仿真的设计，此处可以不用指定特定的器件，让软件自动选择适当的器件，但对于需要下载到开发板来实现的设计，就应该在这里选择与开发板上对应的芯片。例如：此处开发板选用芯片为 Cyclone IV 系列，型号为：EP4CE15F17C8 的芯片，那么就在此芯片硬件设置界面的"Device family"中点击"▼"，打开 family 的下拉菜单，选中"Cyclone IV E"，在"Available device"中选择芯片型号"EP4CE15F17C8"，设置完成后点击" Next > "按钮，进入如图 7-37 所示的仿真设置界面。

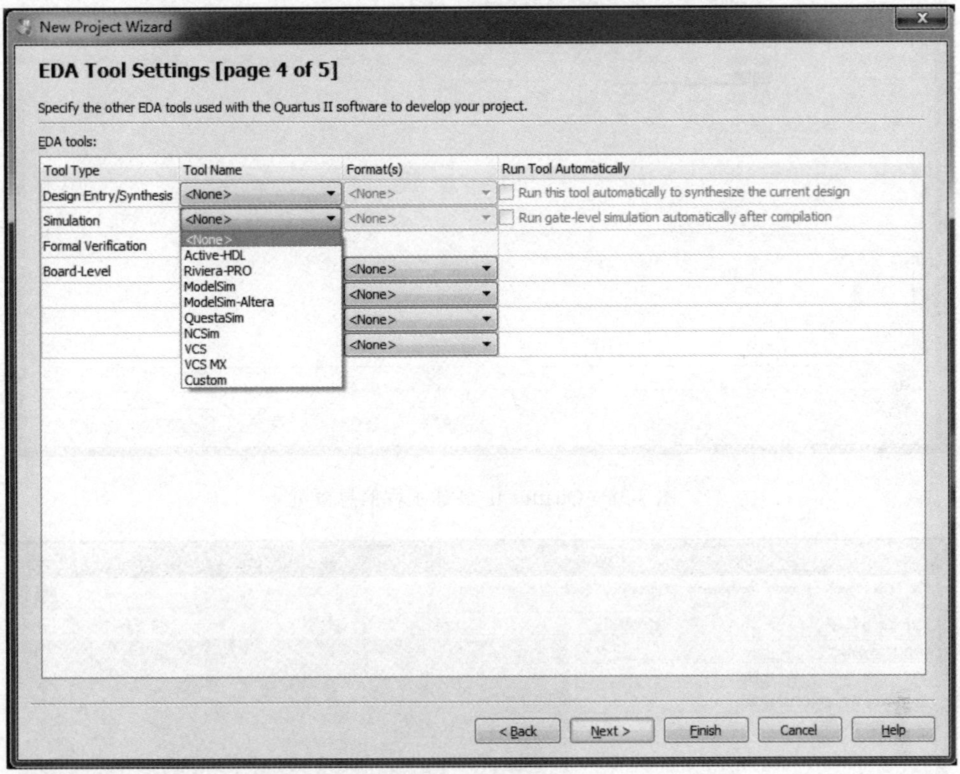

图 7-37　Quartus II 为新工程选择仿真工具

在该界面下可以进行仿真设置。如果是第一次实验或者未用过第三方工具软件，我们可以不做更改，默认选用 QuartusII 集成的工具进行设计；如果需要做仿真验证设计，需要在"Simulation"栏"Tool Name"处下拉菜单进行仿真工具设置。此处也可以先不用设置，后续工程需要仿真时，再进行设置。继续点击" Next > "按钮进入如图 7-38 所示的新建工程设置信息概览界面。

至此，工程建立完成，该窗口显示上述步骤所建立工程的设置信息。点击" Finish "按钮，进入图 7-39 所示的新建工程之后的程序主界面，可以在资源管理器中看到新建的工程及选用的器件型号显示在工程管理器中。

2. 创建并绘制原理图

（1）创建原理图。点选菜单"File\New"或者点击快捷工具栏新建文件快捷图标"▯"，弹出新建原理图文件界面，如图 7-40 所示。

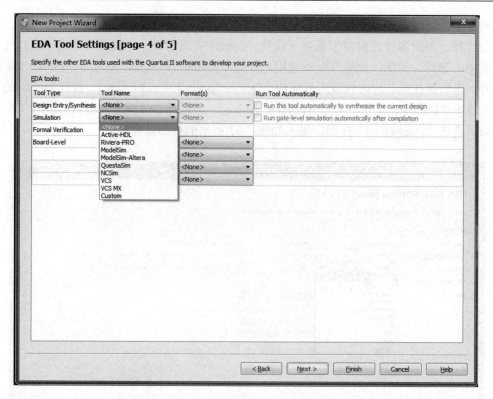

图 7-38　Quartus II 新建工程信息概览

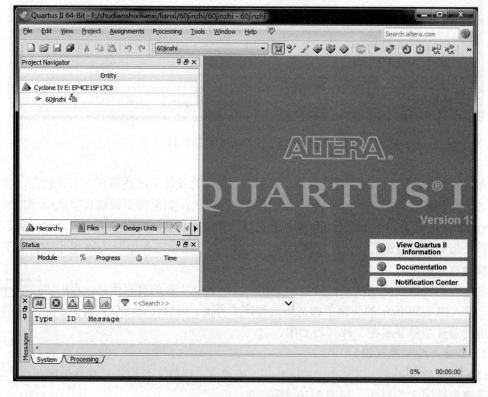

图 7-39　Quartus II 新建工程后的主界面

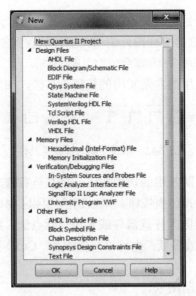

图 7-40　新建项目文件类型选单

在该界面下，选择"Block Diagram/Schematic File"，即创建原理图文件，然后点击
" OK "按钮，完成新文件的创建。

此时可以看到软件工作区展示出一张空白的带栅格点阵的原理图，如图 7-41 所示。上部
标签默认名称为"block1.bdf"，建议在绘图过程中养成随时做好保存文件的习惯，此处我们

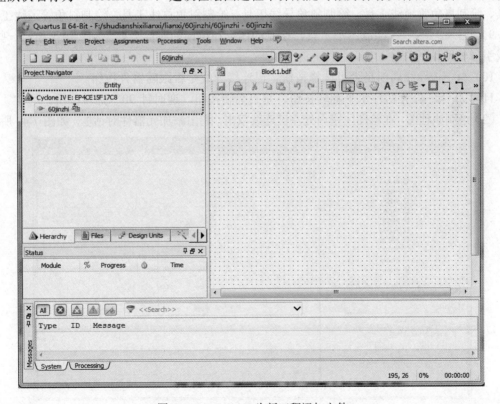

图 7-41　Quartus II 为新工程添加文件

将该空白原理图文件保存在项目文件夹 60jinzhi 路径下，名称为"60jinzhi.bdf"。下一步要做的就是按照设计的 60 进制计数器原理图，调用元器件放置到原理图中，进而搭建设计电路。

注：有改动而未保存的文件后缀名称尾部会有"*"进行标示。

在绘图区上部有一个绘图用的非常实用的快捷工具栏，如图 7-42 所示。

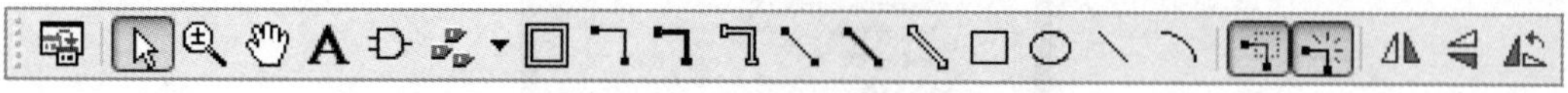

图 7-42　原理图输入快捷工具栏

该工具栏集合了绘制原理图常用的功能按钮，自左至右依次为：

1）窗口固定、浮动模式切换按钮，用以切换绘图区窗口显示模式。

2）选择按钮，可对绘图区任意器件或导线执行点选、框选功能。

3）缩放工具，用于缩放图纸；也可以按住键盘"Ctrl"按键的同时推动鼠标滚轮实现绘图区的缩放。

4）手型工具，便于拖动图纸。

5）文本工具，用于在图纸中添加文字等。

6）添加元器件按钮，最常用的功能按钮，也可以在绘图区空白处左键双击实现该按钮功能。

7）引脚工具，可放置三种引脚至绘图区 Input 、 Output 、 Bidir 。

8）依次为：绘制模块工具、绘制直角导线工具、绘制直角总线工具、绘制直角管道线工具、绘制斜角导线工具、绘制斜角总线工具、绘制斜角管道线工具。

9）绘制图形工具，绘制的图形在编译的时候会被忽略，用于绘制一些标注或引导辅助性的符号。

10）导线局部是否可选择按钮、已连接导线是否跟随器件按钮。

11）元器件水平翻转按钮、垂直翻转按钮、逆时针 90°翻转按钮。

（2）绘制原理图。在绘图区空白处左键连续双击，调出添加元器件对话框，如图 7-43 所示。

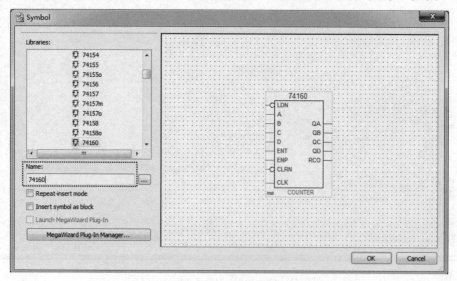

图 7-43　调用元器件界面

在"Name"过滤栏中输入"74160", Symbol 界面中会出现相应的器件, 如上图 7-43 所示, 点击" OK "按钮后, 在绘图区鼠标下会悬浮 74160 芯片, 可以将该芯片移动到原理图适当的位置, 单击鼠标左键放置器件至绘图界面, 如图 7-44 所示。如果不想放置该器件, 可按键盘的"Esc"按键撤销该器件。

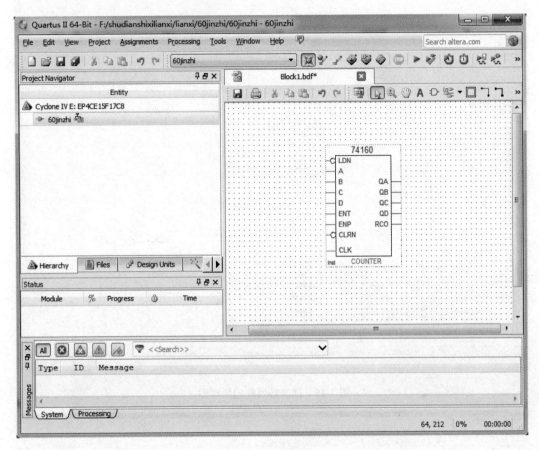

图 7-44　放置器件

用同样的方法, 依次在"Symbol"界面输入"vcc""nand4""input""output", 调用器件摆放到绘图区合理的位置, 放置元件的方向可以通过工具菜单进行调整, 并按照参考图更改器件名称。如图 7-45 所示。

注:①如果放置相同的元件, 只要按住 Ctrl 键, 同时用鼠标按左键拖动该元件复制即可, 即使是导线也可以这么复制; 也可以利用"Symbol"界面下部的"Repeat-insert mode"选项实现快速放置同型号器件。②放置器件的时候, 务必注意任何两个器件的外围蓝色虚线框不能交叠, 否则在后续原理图编译综合的时候会导致错误。

用导线连接电路, 将鼠标移动到任一器件引脚处, 鼠标变为" ┐ "形状的时候, 按下鼠标左键并拖动, 在目标位置松开鼠标左键, 即可引导导线走向并连接其他器件的引脚。按照这种方式连接所有器件; 在输入输出引脚名称上左键连续双击, 即可更改器件名称。按照参考原理图命名输入输出端口、导线及总线名称等, 连接后的原理图如图 7-46 所示。

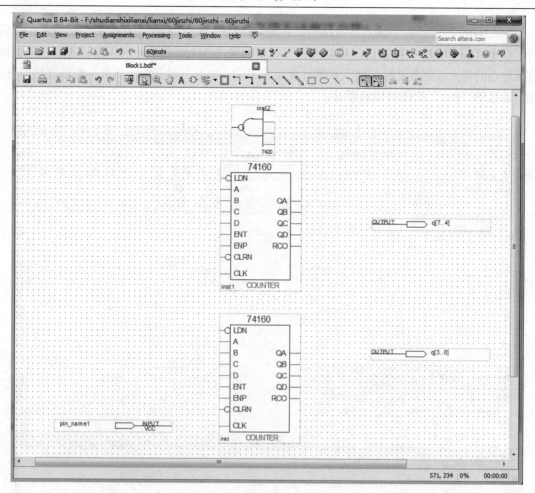

图 7-45　摆放好器件的原理图

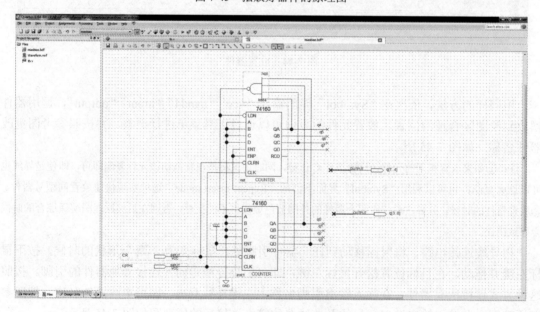

图 7-46　放置导线后的原理图

　　绘图过程中可以利用编辑工具对器件进行翻转，旋转等，以便使得图纸器件布局合理，连线方便，信号走向明了。

　　注：在绘制较复杂的原理图的时候，因导线数量较多会造成导线交叉过度，妨碍审图，影响美观，因此可以利用软件的导线命名的功能，对部分导线进行命名而不是在绘图区实际连接，软件默认名称相同的导线即是连接在一起的同一条导线。

　　导线命名的具体操作方法如下：将光标移到需要命名的导线处，单击鼠标，此时导线变为蓝色，即处于选中状态，在此状态下，直接用键盘输入导线的名称即可。在任一导线上若点击鼠标右键，选择" Properties "，在弹出的对话框中可以更改导线的名称、颜色、字体大小等。如图 7-47 所示。

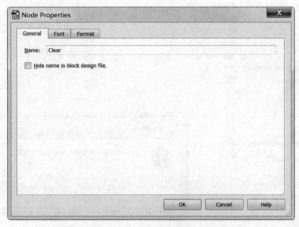

图 7-47　设置导线网络标签

　　电路绘制完成后进行原理图与工程的保存。接下来，在菜单栏中打开"Project"下拉菜单，选中"Set as Top Entity"，设置该文件为本工程项目的顶层文件，如图 7-48 所示，设置完毕之后即可进行下一步——对项目原理图的分析和综合。

图 7-48　设置项目顶层文件

3. 综合并分析项目，编译输入文件并针对器件进行适配

点击工具栏中的分析和综合按钮 " 🐦 "，针对该原理图执行编译、分析和综合，检查原理图中是否存在设计错误及不合规范的设计细节。编译结束，会报告警告或错误的统计情况，如果存在错误，可以参照界面下方信息栏的错误提示信息，修正原理图后再次编译，直至成功通过编译；警告大部分可以忽略不计。通过编译的界面如图 7-49 所示。

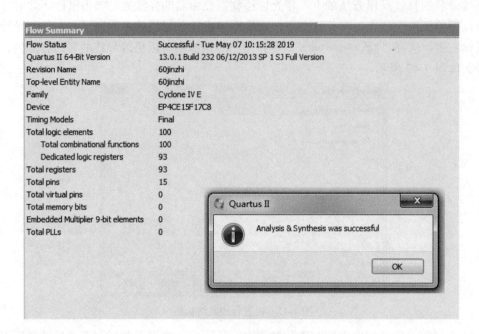

图 7-49　原理图编译结果

软件支持由原理图创建自定义功能模块，下面介绍封装原理图为符号的流程。

此例中，我们绘制的原理图为一个简单的 60 进制计数器。如果设计的工程比较复杂，可划分为数个独立的功能模块，那么可以独立设计每个模块，将每个模块（如本例的 60 进制计数器）测试通过后将其封装为一个独立的自定义符号，以便在总的工程顶层文件中调用，从而实现模块化设计。下面即以 60 进制计数器的原理图为例，创建 60 进制计数器的功能模块。

点击新建文件快捷按钮 " 🗋 "，或 "File\New" 在弹出的选项中选择 "Block Symbol File" 后，点击按钮 " OK "，建立一个后缀为 ".bsf" 的文件，如图 7-50 所示。

点击菜单 "File\Save As"，本例中将该文件保存为 "60jinzhi.bsf"。

将绘图切换回原理图 "60jinzhi.bdf"，在此界面下点击菜单 "File\Create/Update\Create Symbol File For Current File"，如图 7-51 所示。

在弹出的界面中直接点击 " 保存(S) " 按钮，软件提示该文件已存在，是否替换，点击 " 是(Y) " 直接替换即可，之后弹出对话框确认模块创建成功。创建成功的模块如图 7-52 所示，我们可以在新的原理图中调用该模块搭建更复杂的设计项目。

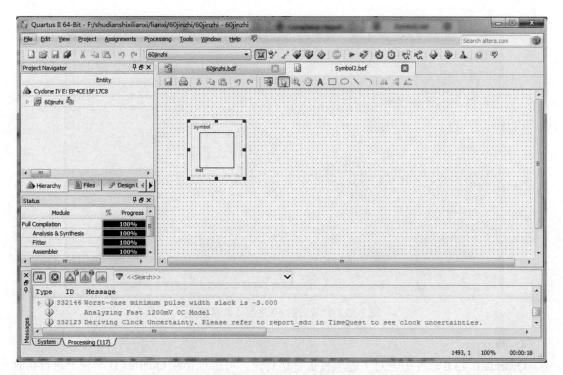

图 7-50　创建新的功能模块

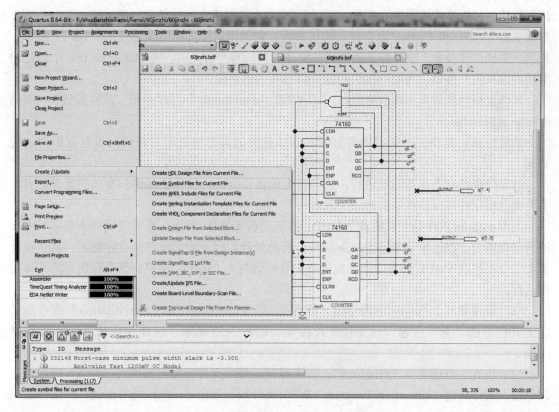

图 7-51　用现有文件创建新的功能模块

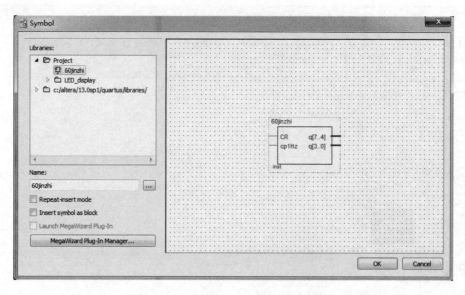

图 7-52　封装后的 60 进制计数器模块

4. 仿真

Quartus II 13.0 软件中，对工程项目进行仿真时，可以选择在 Quartus II 平台下进行仿真抑或是借助第三方软件进行仿真。目前应用最广泛的第三方软件首推 Mentor 公司的 Modelsim 仿真软件，它是业界最优秀的 HDL 语言仿真软件，能提供友好的仿真环境，是业界唯一的单内核支持 VHDL 和 Verilog 混合仿真的仿真器。它采用直接优化的编译技术、Tcl/Tk 技术、和单一内核仿真技术，编译仿真速度快，编译的代码与平台无关，便于保护 IP 核，个性化的图形界面和用户接口，为用户加快纠错提供强有力的手段。

软件支持功能仿真（或称前仿真，EDA RTL Simulation）和时序分析（或称后仿真，EDA gate-level Simulation）。

功能仿真，是指在不考虑器件延时和布线延时的理想情况下对源代码进行逻辑功能的验证。

时序仿真是在布局布线后进行，它与特定的器件有关，包含了器件和布线的延时信息，主要验证程序在目标器件中的时序关系。

因 Modelsim 软件是专业的基于 VHDL 语言的仿真软件，功能仿真需要设计者具备 VHDL 语言编程能力，以便编写 Test Bench 文件；而此处我们针对的是原理图设计输入，默认设计者大部分不通晓 VHDL 语言，因此此处我们介绍如何在 Quartus II 平台下进行仿真的具体操作过程。

（1）编译项目。将原理图编译后，点击菜单"Processing\Start Compilation"或点击快捷工具栏中的"▶"按钮，对工程进行编译，如图 7-53 所示，以便生成仿真所需要的网络表。

（2）仿真。点选菜单"File\New"，弹出新建原理图文件界面，如图 7-54（a）所示。在该界面上选择新建"University Program VWF"文件后，点击" OK "按钮，弹出界面如 7-54（b）所示。

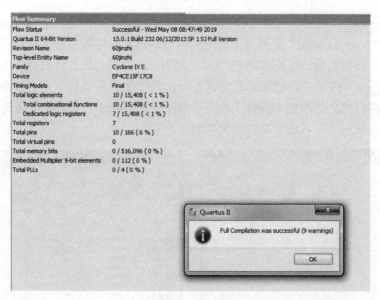

图 7-53　编译项目

(a)

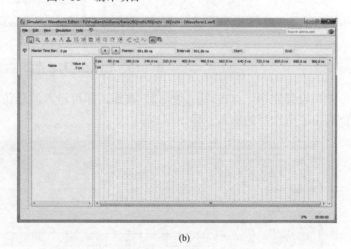

(b)

图 7-54　新建仿真波形文件

在此界面右侧 "Name" 下方的空白区域点击鼠标右键，打开如图 7-55 (a) 所示界面，点选 "Insert Node or Bus…" 打开图 7-55 (b) 所示界面。

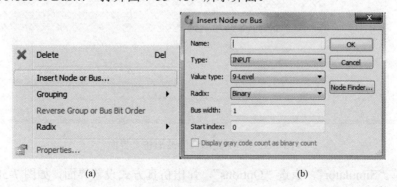

(a)　　　　　　　　　　　　　(b)

图 7-55　端口查找菜单

　　点选 " Node Finder... " 按钮,打开工程端口查找界面,如图 7-56 (a) 所示,点选 " List " 按钮,在左侧 "Nodes Found" 处列出工程中的所有端口,根据需要选择端口后,点击 " > " 按钮进行添加,添加的端口可在右侧的 "selected Nodes" 框列出,对选择完添加的端口,也可通过点选 " < " 按钮进行删除。若是需要一次性添加所有端口,则直接点击 " >> " 按钮,即可进行端口的全部添加;同样,若是想删除右侧列表中已经添加完毕的端口,可以直接点击 " << " 按钮,即可进行端口的全部删除。

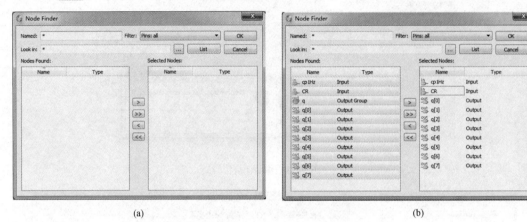

(a)　　　　　　　　　　　　　　　　　　　　(b)

图 7-56　端口选择列表界面

　　端口设置完毕,点击 " OK " 按钮,即可进入波形仿真界面,如图 7-57 所示。界面左侧列出了所选择的输入、输出端口。

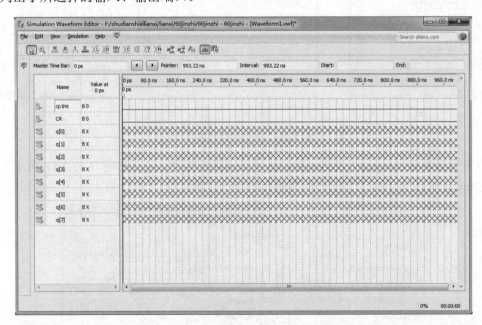

图 7-57　添加完端口的波形仿真界面

　　打开菜单 "Simulator",点选 "Options",弹出仿真方式设置界面,如图 7-58 (a) 所示。有两种仿真工具,此处选择 "Quartus II Simulator",然后点击 " OK " 按钮,系统将弹出如图 7-58（b）所示的界面上，在该界面上直接点击"OK"按钮，即可完成仿真工具的设置。

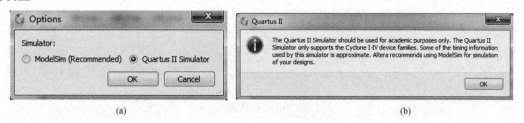

(a)　　　　　　　　　　　　　　　　　(b)

图 7-58　仿真工具设置界面

接下来进行输入信号的设置，本工程有两个输入信号：cp1Hz 和 CR 信号。"cp1Hz"信号需要给定一个时钟信号，点击工具栏中的"⅏"图标，弹出时钟信号设置界面，如图 7-59

图 7-59　时钟信号设置界面

所示。在此界面上，可进行时钟信号周期、占空比和偏置的设置，设置完成后，直接点击"OK"按钮，即可完成时钟 CP 信号的设置。

接下来进行 CR 信号设置，CR 信号默认为低电平，可将需要设定为高电平的信号输出部分直接拖动鼠标进行选定后，点击工具栏的"凸"按钮，即可实现将选定部分信号设定为高电平"1"。

设置完输入信号后，点击工具栏的"⌕"按钮，弹出界面如图 7-60 所示。直接点击"Yes"后，进行此仿真波形文件的文件名及保存位置设定。

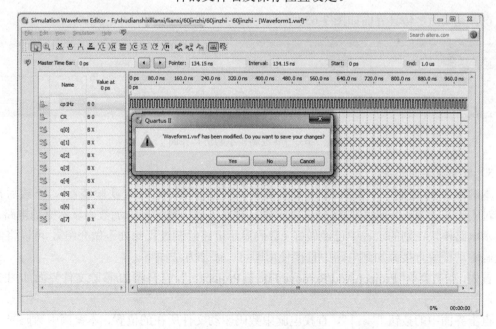

图 7-60　仿真波形保存

保存完波形后，仿真开始运行，运行结果如图 7-61 所示。

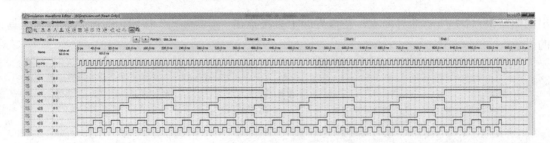

图 7-61　仿真波形

此工程为 60 进制计数器,输出以二进制波形观看不是很直观,可将其转换为十进制显示,即将 $q_0 \sim q_7$ 八个二进制输出端,转换为两位十进制码 $q_{[7..4]}$ 和 $q_{[3..0]}$ 进行显示,具体操作方法为:将 q_7、q_6、q_5、q_4 同时选中后,点击鼠标右键,选择 Grouping,弹出界面如图 7-62 所示。在弹出的菜单中设置组名和进制,此处设置组名为 $q_{7..4}$,十进制,然后点击 " OK " 按钮即可。同样方法,设置 q_3、q_2、q_1、q_0 组组后的名称为 $q_{3..0}$ 和十进制。

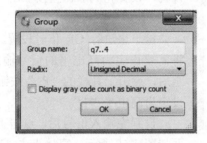

图 7-62　Group 设置界面

设置完成后,仿真界面如图 7-63 所示。

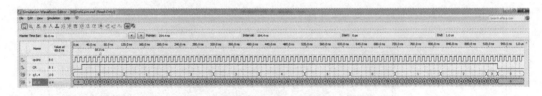

图 7-63　60 进制显示的仿真界面

5. 数码显示的添加

本例程为 60 进制,下载到 EDA 实验装置(此处选用众友 EDA 实验装置),下载后希望能通过实验装置数码显示区观测 60 进制计数,故在工程下载前应添加数码显示驱动电路。数码显示电路模块在别的工程中已经做好(数码显示电路绘制过程此处不做介绍),可以将做好的数码驱动模块直接添加到电路中直接使用即可。添加方法如下。

首先,点击菜单"Project\Add/Remove File in Project…",打开添加/移除文件界面如图 7-64 所示。

点击界面中的按钮" … ",查找电脑中数码驱动文件所在的位置,本案例中数码显示模块存放在命名为"LED_display"的文件夹中,找到这个文件夹后,将文件夹中的相关文件全部选定后,如图 7-65 所示。在该界面上,点击按钮" 打开(O) "。

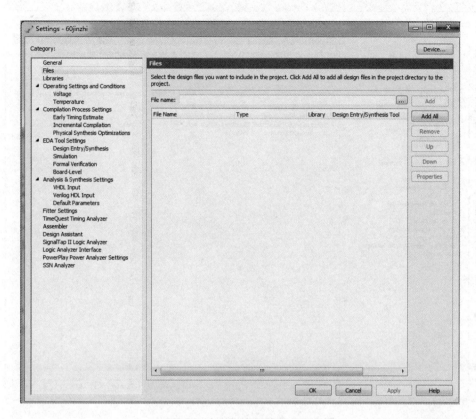

图 7-64 添加/移除文件界面

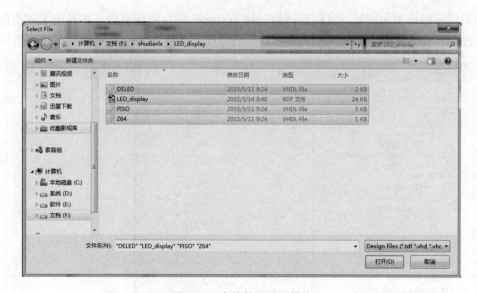

图 7-65 查找数码显示模块

此时显示的界面如图 7-66 所示,查找的文件显示到添加/移除文件界面的文件列表框中,先点击按钮" Apply ",再点击" OK "按钮,即可完成显示模块文件添加到 60jinzhi 工程中。

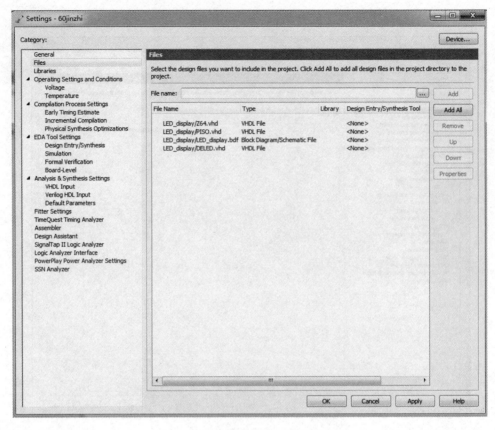

图 7-66　数码显示模块文件添加界面

　　数码显示模块添加完后，鼠标返回到工程 60jinzhi 的原理图界面，在界面上双击鼠标打开元件添加界面，如图 7-67 所示。点击"Libraries\Project"，打开工程文件夹可进行数码显示

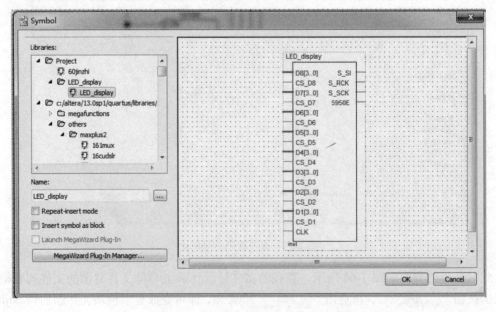

图 7-67　查找 LED_display 模块界面

模块 LED_display 的添加，或点击"Name"下方的" ⋯ "按钮，通过设置路径查找该工程下 LED_display 文件存放的位置，在"Name"框中选中数码显示模块，找到后，点击" OK "按钮后，在绘图区鼠标下会悬浮 LED_display 模块，可以将该模块移动到原理图适当的位置，单击鼠标左键即可将模块放置至绘图区中指定的位置。

　　添加完 LED_display 显示模块的界面，如图 7-68 所示。由图可见，该 LED_display 最多可进行 8 位数码显示，此处介绍的实验装置中选用的是共阳极数码管，公共端 CS 需设置为高电平时工作，此工程为 60 进制计数器，用两位数码显示即可。

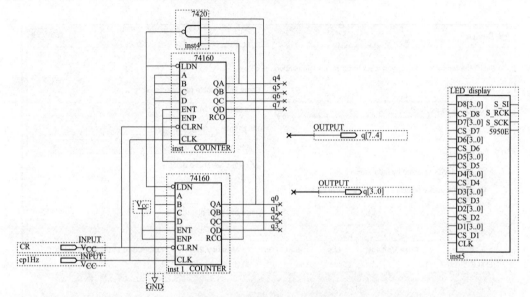

图 7-68　LED_display 放置界面

　　接下来就可以按照前面介绍的方法，进行电路连线，添加电路所需的输入、输出端子。绘制完成的电路如图 7-69 所示。

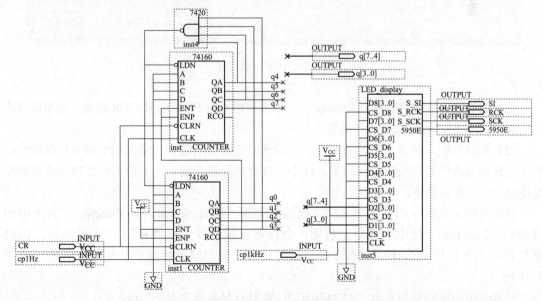

图 7-69　60jinzhi 工程图

6. 分配引脚

电路图完成后，再次点击工具栏中的"▶"按钮，对原理图进行保存和编译，检查电路图中是否存在设计错误，编译结果若没有错误，就可以对核心芯片的引脚进行分配，将原理图中的输入输出引脚与实际的实验板上的核心芯片的具体引脚对应起来，以便将程序下载到硬件电路中进行实际验证。

（1）设置程序下载芯片。点击菜单"Assignments\Device"，或者直接点击快捷工具栏中的"✏"按钮，打开"Device"界面进行设置，如图 7-70 所示。

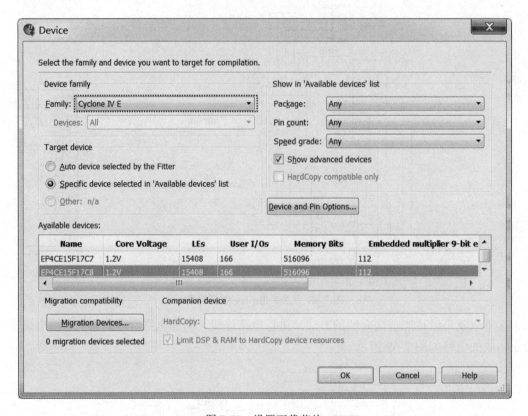

图 7-70　设置下载芯片

此处的程序下载选用芯片为 Cyclone Ⅳ E 系列型号为 EP4CE15F17C8 芯片，选定后点击"OK"按钮，即可完成芯片设置。

（2）管脚分配。对整个项目的编译之后，将原理图中的输入、输出端引脚与实际的实验板上的核心芯片的具体引脚对应起来，这个步骤就是管脚分配，之后便可将原理图下载到硬件电路中进行实际验证。

点击快捷工具栏中的图标"🐾"，或点击菜单"Assignments\Pin Planner"，在弹出的界面的"Location"栏中，双击空白处，会出现下拉选项图标"▼"，点击此图标，出现下拉栏，在下拉栏中选择对应的管脚，也可双击鼠标左键直接在空白处输入管脚，如图 7-71 所示。

此处使用的实验箱型号为"ZY11203G"，管脚分配表参考表 7-2 和表 7-3。

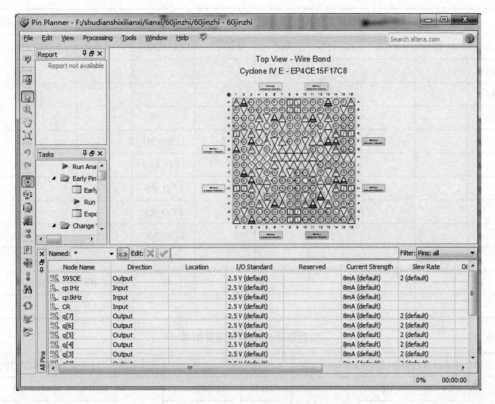

图 7-71　管脚分配

表 7-2　　　　　　　　　　　　　　　实验箱硬件对应公用管脚号

硬件名称及序号（共享）								核心芯片对应引脚
LED	DA 转换	交通灯	AD 转换	控制单元	步进电机	LCD 液晶屏	VGA 模块	EP4CE15F17C8
L1	D0	LT12		D0	Z0	XD0	D0	J12
L2	D1	LT11		D1	Z1	XD1	D1	K10
L3	D2	LT10		D2	MOTOR-D	XD2	D2	F14
L4	D3	LT3		D3	MOTOR-C	XD3	D3	D14
L5	D4	LT2		D4	MOTOR-B	XD4	D4	C14
L6	D5	LT1		D5	MOTOR-A	XD5	D5	D12
L7	D6	LT4		D6		XD6	D6	C11
L8	D7	LT5		D7		XD7	D7	C9
L9		LT6	D1	D8				F9
L10		LT7	D2	D9				E8
L11		LT8	D3	D10				E7
L12		LT9	D4	D11				C6
L13			D5	D12				D6

硬件名称及序号（共享）								核心芯片对应引脚
LED	DA 转换	交通灯	AD 转换	控制单元	步进电机	LCD 液晶屏	VGA 模块	EP4CE15F17C8
L14			D6	D13				D5
L15			D7	D14				E6
L16			D8	D15				D3
						LCD_CS1		P3
						LCD_CS2		T3
						LCD_EN		T2
						LCD_RS		R3
						LCD_RW		L4
						RES		K5
							VGA_HS	C3
							VGA_VS	F3

表 7-3　　　　　　　　　　　　　　　　实验箱硬件对应专用管脚号

硬件名称	信号线	EP4CE15F17C8	硬件名称	信号线	EP4CE15F17C8	硬件名称	信号线	EP4CE15F17C8
拨位开关	K0	E1	控制线	D1	N2	核心扳 LED	LED［0］	J1
	K1	M2		D2	P1		LED［1］	J2
	K2	T8		D3	P2		LED［2］	K1
	K3	R8		CS138	R1		LED［3］	K2
	K4	L1	时钟源	CLK1	A8	点阵	DOT_SI	N3
	K5	T9		CLK2	E16		DOT_RCK	K6
	K6	E15		CLK3	M16		DOT_SCK	N6
	K7	K9		50MHZ	R9		DOT_5950E	L6
	K8	F13	串口	TXD	N1	PS2	PS2_CLK	G5
	K9	G11		RXD	L2		PS2_DATA	L10
	K10	E11	数码管	DIG-SI	M8	串口	TXD	N1
	K11	B9		DIG-SCK	P9		RXD	L2
	K12	D11		DIG-RCK	M9			
	K13	E10		5950E	P8			
	K14	D9	喇叭	SPK	L3			
	K15	E9	核心板按键	RESET	M1			

　　请依次按照实验箱硬件，对照管脚分配表，将输入、输出端口分配给对应的管脚。分配完毕后的引脚如图 7-72 所示。

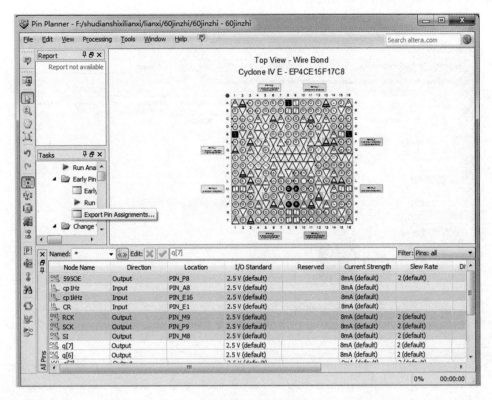

图 7-72　管脚分配结果

　注　意

　　管脚分配完毕后，需对工程进行重新编译，以便生产下载文件（*.sof），详细编译过程请参考仿真之前的编译步骤。

7. 程序下载

（1）硬件连接。将转接板 1 插在箱子主板的相应位置，并将核心板插在转接板上，将 USB-Blaste 的一端通过排线接到核心板的 JTAG 口上，另一端通过 AB 头的 USB 线接到 PC 机的 USB 接口上，将电源线接到实验箱的电源插口位置（注意：请勿在实验箱带电的情况下拔插核心板！）。

（2）下载程序。硬件连接完成后，打开实验箱的电源开关。点击"Tool\Programmer"或单击快捷工具栏的"👆"按钮，激活如图 7-73 的界面，设置后进行程序下载。

　　在上图的界面中，下载功能按钮"▶Start"等均为灰色不可选状态，是因为尚未配置硬件下载方式。点击左上方的硬件配置"🛠 Hardware Setup..."按钮 ，弹出 "Hardware Setup"界面，如图 7-74 所示，在"Currently selected hardware"栏中下拉选择"USB-Blaster [USB-0]"，选择完后点击"Close"按钮关闭界面，即可完成下载配置，此时下载界面中的功能按钮"▶Start"等均变为可选状态。

　　点击界面中的"▶Start"按钮进行程序下载，当 Progress 中的进度条显示 100%

时，表示下载完成，如图 7-75 所示。

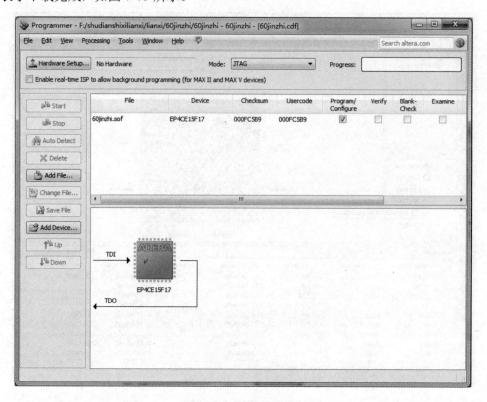

图 7-73 程序下载界面

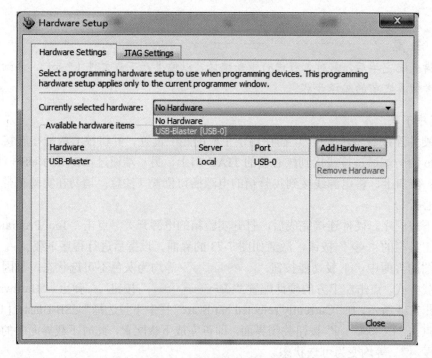

图 7-74 配置硬件下载方式

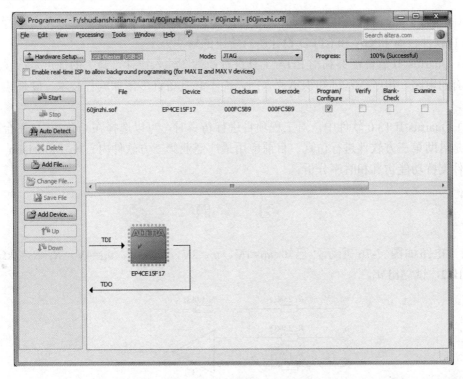

图 7-75 下载成功显示界面

（3）验证设计。将全局时钟 CP 配置为 1Hz，观察发光二极管变化模式，确认是否为 60 进制计数器。

通过对本例的学习，相信读者对 Quartus II 软件已经有了一定的认识，同样对 FPGA 可编程器件的整个设计过程也有了一个完整的概念和思路。

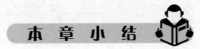

（1）Multisim12.0 是美国国家仪器有限公司推出的以 Windows 为基础的仿真工具，适用于板级的模拟/数字电路板的设计工作。

（2）改进的全新数据库包括了新的机电模型，AC/DC 电源转换器和用于设计功率应用的开关模式电源，超过 2000 个来自亚诺德半导体、美国国家半导体、NXP 和飞利浦等半导体厂商的全新数据库元件。超过 90 个全新的引脚精确的连接器使得 NI 硬件的自定制元件设计更加容易。

（3）Multisim12.0 包含了电路原理图的图形输入、电路硬件描述语言输入方式，具有丰富的仿真分析能力，再结合直观地捕捉和功能强大的仿真，能够快速、轻松、高效地对电路进行设计和验证。借助专业的高级 SPICE 分析和虚拟仪器，能在设计流程中提早对电路设计进行迅速验证，从而缩短建模循环。

（4）Quartus II 设计软件提供了完整的多平台设计环境，能够直接满足特定的设计需要，为可编程芯片系统（SOPC）提供了全面的设计环境。

（5）Quartus II 软件支持层次化设计，能够完成较大规模的电路系统设计。Quartus II 软件为设计流程的每个阶段提供了 Quartus II 图形用户界面、EDA 工具界面以及命令行界面；Quartus II 软件含有 FPGA 和 CPLD 设计所有阶段的解决方案。

（6）Quartus II 软件能够利用 EDA 工具进行原理图输入设计，最大的优点是：设计者能利用原有的电路、电子等基础知识迅速入门，而不必具备许多诸如编程技术、硬件语言等专业知识。

（7）Quartus II 13.0 软件中，对工程项目进行仿真时，可以选择在 Quartus II 平台下进行仿真还是借助第三方软件进行仿真。目前应用最广泛业第三方软件内首推 Modelsim 仿真软件，软件支持功能仿真和时序分析。

习　　题

7-1　电路如图 7-76 所示，已知 u_{i1}=1V，u_{i2}=2V，u_{i3}=3V，u_{i4}=4V，R_1=R_2=2kΩ，R_3=R_4=R_F=1kΩ，试测出 u_o。

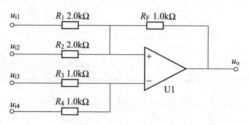

图 7-76　题 7-1 图

7-2　在 Multisim12.0 仿真平台上建立如图 7-77 所示电路，用示波器测出输入、输出信号波形。改变电容的大小，观察输入、输出波形的变化。

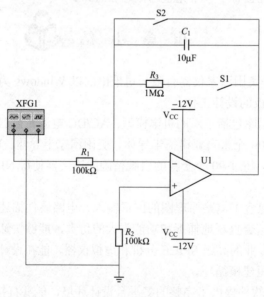

图 7-77　题 7-2 图

7-3　设计一个射极偏置电路。已知电源电压 V_{CC}=12V，R_L=5.1kΩ，晶体管为 NPN 管

（例如 3DG6）。设 $I_{CQ}=1mA$，$\beta=50\sim60$。根据以上要求，设计并选取电路元件参数，在 Multisim12.0 仿真平台上绘制电路图，并进行仿真验证，使放大电路能够不失真地放大正弦波信号，并达到|Av|≥80 的要求。

7-4　以集成运放为放大器，设计一个方波—三角波发生器。

（1）输入信号频率在 500Hz～1kHz 范围内连续可调。

（2）输出幅度：2～4V 可调。

（3）输出波形无明显失真。设计并选取电路元件参数，在 Multisim12.0 仿真平台上绘制电路图，并进行仿真验证。

7-5　设计一个自动测量分选仪，对低频小功率硅三极管的直流电流放大系数 β 进行分档选出。要求共分五档，其 β 值的范围分别为 50～80，80～120，120～180，180～270，270～400。分档编号分别为 1，2，3，4，5。可用发光二极管、数码管或灯泡等显示器件进行显示。设计并选取电路元件参数，在 Multisim12.0 仿真平台上绘制电路图，并进行仿真验证。

7-6　在 Quartus II 13.0 软件上，用原理图方法完成七人表决器的设计、编译、下载。七人表决器，即七人参与表决，超过半数投赞成票（四人或四人以上按 1），表决通过，否则不通过。

7-7　在 Quartus II 13.0 软件上，用原理图方法完成 60 进制秒表的设计、编译、下载。60 进制秒表要求：

（1）能够完成 60 进制计数；

（2）计时到任意时刻可以通过开关控制暂停抑或继续计时；

（3）可以通过开关实现秒表手动清零。

7-8　奇偶校验代码是在数字通信中提高代码传输可靠性的一种代码。它一般由信息码和一位附加位——奇偶校验位组成。该校验位的取值（0 或 1）将使整个代码串中的 1 的个数为奇数个（奇校验代码）或偶数个（偶校验代码）。在 Quartus II 13.0 软件上，用原理图方法设计并实现一个 8 位代码奇偶校验器。

7-9　在 Quartus II 13.0 软件上，用 VHDL 语言分别设计并实现四选一数据选择器和 8-3 优先编码器。

第8章 基于EDA技术的现代数字系统设计

数字系统在日常生活中扮演着越来越重要的角色,其例子不胜枚举,如手机、数字电话、数字电视、数码相机、手持设备、互联网络以及最典型的数字计算机等。现代数字产品在性能提高、复杂度增大的同时,更新换代的步伐也越来越快,实现这种进步的因素在于芯片制造技术和设计技术的进步。

随着电子技术和计算机技术的发展,数字系统的设计理念和设计方法已经发生了很大的变化,从电子CAD(Computer Aided Design)、电子CAE(Computer Aided Engineering)到电子设计自动化(Electronic Design Automation,EDA),设计的自动化程度越来越高,设计的复杂性也越来越强。

EDA技术已成为现代电子设计技术的有力工具。对设计者而言,熟练地掌握EDA技术,可以极大地提高工作效率,起到事半功倍的效果。EDA技术没有一个精确的定义,所谓的EDA技术就是以计算机为工作平台,以EDA软件工具为开发环境,以PLD器件或者ASIC专用集成电路为目标器件设计实现电路系统的一种技术。EDA技术的发展以计算机科学、微电子技术的发展为基础,并融合了应用电子技术、智能技术,以及计算机图形学、拓扑学、计算数学等众多学科的最新成果。

所谓基于EDA技术的现代数字系统设计就是采用硬件描述语言对系统进行描述,利用现代的EDA软件开发平台进行层次化、模块化、结构化设计,通过可编程ASIC芯片对系统进行硬件实现的设计方法。

8.1 现代数字系统设计概述

随着电子计算机技术的迅猛发展,计算机辅助设计技术深入人类经济生活的各个领域。从20世纪70年代,人们就已经开始基于计算机开发出一些软件工具帮助设计者完成电路系统的设计任务,从而代替传统的手工设计方法。随着计算机软件和硬件技术水平的提高,EDA技术也不断进步。根据电子设计的发展特征,EDA的发展大致经历了下面三个发展阶段:

1. CAD阶段

电子CAD阶段是EDA技术发展的早期阶段(时间大致为20世纪70年代至80年代初)。在这个阶段,一方面,计算机的功能还比较有限,个人计算机还没有普及;另一方面,电子设计软件的功能也较弱。借助于计算机来完成数据处理、模拟评价、设计验证等部分工作,另外,就是完成PCB的布局布线,简单版图的绘制等,设计阶段中的许多工作仍需人工来完成。

2. CAE阶段

集成电路规模的扩大,电子系统设计的逐步复杂,使得电子CAD的工具逐步完善和发展,尤其是人们在设计方法学、设计工具集成化方面取得了长足的进步,EDA技术进入了电子CAE阶段(时间大致为20世纪80年代初至90年代初)。在这个阶段,各种单点设计工具、各种设计单元库逐渐完备，并且开始将许多单点工具集成在一起使用，大大提高了工作效率。

3. EDA 阶段

20 世纪 90 年代以来，微电子工艺有了显著的发展。与此同时，电子技术在通信、计算机及家电产品生产中的市场需求和技术需求，极大地推动了全新的电子设计自动化技术的应用和发展，特别是集成电路设计工艺水平已经达到了超深亚微米级，这样就对电子设计的工具提出了更高的要求，也促进了设计工具的发展。

在进入 21 世纪后，EDA 技术得到了更快的发展。现代的 EDA 软件平台已突破了早期仅能进行 PCB 设计，它集设计、仿真、测试于一体，配备了系统设计自动化的全部工具，配置了多种能兼用和混合使用的逻辑描述输入工具，同时还配置了高性能的逻辑综合、优化和仿真模拟工具。EDA 技术已经成为电子设计的普遍工具，无论是设计集成电路还是设计普通的电子电路，没有 EDA 工具的支持，都是难以完成的。电子系统的整个设计过程或大部分设计均由计算机来完成。EDA 技术是电子设计自动化发展的必然趋势，基于 EDA 技术的数字系统设计具有更大的应用市场和广泛的应用前景，突出表现在以下几个方面：

（1）在 FPGA 上实现 DSP（数字信号处理）应用成为可能，用纯数字逻辑进行 DSP 模块的设计，使得高速 DSP 实现成为现实，并有力地推动了软件无线电技术的应用化和发展。基于 FPGA 的 DSP 技术，为高速数字信号处理算法提供了实现途径。

（2）嵌入式处理器软核的成熟，使得 SOPC（System On a Programmable Chip）步入大规模应用阶段，在一片 FPGA 上实现一个完备的数字处理系统成为可能。

（3）在仿真和设计两方面支持标准硬件描述语言的功能强大的 EDA 软件不断推出。

（4）电子技术领域全方位融入 EDA 技术，除了日益成熟的数字技术外，传统的电路系统设计建模理念发生了重大的变化，如软件无线电技术的崛起、模拟电路系统硬件描述语言的表达和设计的标准化、系统可编程模拟器件的出现、数字信号处理和图像处理的全硬件实现方案的普遍接受以及软硬件技术的进一步融合等。

（5）EDA 使得电子领域各学科的界限更加模糊，更加互为包容，如模拟与数字、软件与硬件、系统与器件、ASIC 与 FPGA、行为与结构等。

（6）基于 EDA 用于 ASIC 设计的标准单元已涵盖大规模电子系统及复杂 IP 核模块。

（7）软硬 IP（Intellectual Property）核在电子行业的产业领域广泛应用。

（8）SOC 高效低成本设计技术的成熟。

（9）系统级、行为验证级硬件描述语言的出现（如 System C），使复杂电子系统的设计和验证趋于简单。

除了上述的发展趋势，现代 EDA 技术和 EDA 工具还呈现出以下一些共同的特点：

（1）采用硬件描述语言（HDL）进行设计。采用硬件描述语言（HDL，Hardware Description Language）进行电路与系统的描述是当前 EDA 设计技术的另一个特征。与传统的原理图设计方法相比，HDL 语言更适合于描述规模大、功能复杂的数字系统，它能够使设计者在比较抽象的层次上对所设计系统的结构和逻辑功能进行描述。采用 HDL 语言进行设计的突出优点是：语言的标准化，便于设计的复用、交流、保存和修改；设计与工艺的无关性，宽范围的描述能力，便于组织大规模、模块化的设计。目前最常用的硬件描述语言的 Verilog HDL 和 VHDL，它们都已成为 IEEE 标准。

（2）逻辑综合与优化。目前的 EDA 工具最高只能接受行为级（Behavior Level）或寄存器传输级（Register Transport Level，RTL）描述的 HDL 文件进行逻辑综合，并进行逻辑优化。为了能更好地支持自顶向下的设计方法，EDA 工具需要在更高的层级进行综合和优化，这样可进一步缩短设计周期，提高设计效率。

（3）开放性和标准化。现代 EDA 工具普遍采用标准化和开放性的框架结构，可以接纳其他厂商的 EDA 工具一起进行设计工作。这样可实现各种 EDA 工具间的优化组合，并集成在一个易于管理的统一环境之下，实现资源共享，有效提高设计者的工作效率，有利于大规模、有组织的设计开发工作。

（4）更完备的库（Library）。EDA 工具要具有更强大的设计能力和更高的设计效率，必须配有丰富的库，比如元器件图形符号库、元器件模型库、工艺参数库、标准单元库、可复用的电路模块库、IP 库等。在电路设计的各个阶段，EDA 系统需要不同层次、不同种类的元器件模型库的支持。例如，原理图输入时需要原理图符号库、宏模块库，逻辑仿真时需要逻辑单元的功能模型库，模拟电路仿真时需要模拟器件的模型库，版图生成时需要适应不同层次和不同工艺的底层版图库等。各种模型库的规模和功能是衡量 EDA 工具优劣的一个重要标志。

总而言之，从过去发展的过程看，EDA 技术一直滞后于制造工艺的发展，它在制造技术的驱动下不断进步；从长远看，EDA 技术将随着微电子技术、计算机技术的不断发展而发展。"工欲善其事，必先利其器"，EDA 工具在现代电子系统的设计中所起的作用越来越大，未来它将在诸多因素的推动下继续进步。

8.2　现代数字系统设计方法

传统的数字系统设计是自下向上的，首先确定系统最底层的电路模块或元件的结构和功能，建立相应的数学模型，计算各项参数值，在与设计目标反复比较过程中修改或完善模型，按要求写出输入、输出表达式或状态图，用真值表、卡诺图进行化简。然后根据主系统的功能要求，将它们组合成更大的功能模块，直到完成整个目标系统的设计。因此，只有在设计完成后才能进行仿真，存在的问题才能被发现。同时，在系统进行细分时，必须考虑现有并能获得的器件，而且必须对各种具体器件的功能、性能指标及连接方式均非常熟悉。设计者往往需要较长时间的训练和经验积累，采用试凑的方法才能设计出满足要求的数字系统，有时甚至达不到系统设计的某些要求，所以适用于小规模的集成电路系统设计。

现代数字系统设计可以直接面向用户需求，根据系统的行为和功能要求，自上至下地逐步完成相应的描述、综合、优化、仿真与验证，直至把设计结构下载到器件中。上述设计过程除了系统行为和功能描述以外，其余所有的设计过程几乎都可以用计算机自动完成，即电子设计自动化。由于设计的主要仿真和调试过程是在高层次上完成的，这既有利于早期发现结构设计上的错误，避免设计工作的浪费，又减少了逻辑功能仿真的工作量，提高了设计的一次成功率，大大缩短了系统的设计周期，适应当今电子市场品种多、批量小的需求，提高了产品的竞争能力。

优秀的 EDA 软件平台不仅为用户提供了多种设计输入方式（如原理图、HDL、波形图、状态机等），而且还提供了不同设计平台之间的信息交流接口和一定数量的功能模块库，供设计人员直接选用。设计者可以根据模块具体情况灵活选用。

8.2.1　原理图设计法

原理图设计法是 EDA 工具软件提供的基本设计方法，是图形化的表达方式。该方法是选用 EDA 软件提供的器件库资源，利用电路作图的方法使用元件符号进行相关的电气连接，从而构成相应的系统或满足某些特定功能的新元件。这种方式大多用在对系统及各部分电路很熟悉的情况，或在系统对时间特性要求较高的场合。原理图设计方法的主要优点是直观、易学、容易实现仿真，尤其对表现层次结构、模块化结构更为方便，有利于信号的观察和电路的调整。但若输入的是较为复杂的逻辑或者元件库中不存在的模型时，原理图输入方式效率低。因此，它适用于不太复杂的小系统和复杂系统的综合设计（与其他设计方法进行联合设计），此外，原理图方式的设计可重用性、可移植性也差一些。

8.2.2　HDL 程序设计法

程序设计法是使用硬件描述语言（HDL）进行设计，也称 HDL 设计。设计者可利用 HDL 语言来描述系统设计，然后利用 EDA 工具进行综合和仿真，最后变为某种目标文件，再用 ASIC 或 FPGA 具体实现。此设计方法是在软件提供的设计向导或语言助手的支持下进行设计。HDL 设计是目前工程设计最重要的设计方法。它用软件编程的方式来描述电子系统的逻辑功能、电路结构和连接形式，与传统的门级描述方式相比，它更适合大规模系统的设计。

硬件描述语言的发展至今不过 30 多年的历史，已成功应用于数字系统开发的各个阶段：设计、综合、仿真和验证等。程序设计的语言种类较多，早期的硬件描述语言，如 ABEL-HDL 和 AHDL，由不同的 EDA 厂商开发，互不兼容，而且不支持多层次设计，层次间翻译工作要由人工完成。为了克服以上不足，20 世纪 80 年代中期开发出了硬件描述语言 VHDL 和 Verilog HDL，两种 HDL 语言均为 IEEE 标准。目前，绝大多数 EDA 开发软件都支持 VHDL 和 Verilog HDL 语言，只有少数开发软件支持 ABEL-HDL 和 AHDL 语言。

VHDL 和 Verilog HDL 各有优点，可用来进行算法级、寄存器传输级、门级等各种层次的逻辑设计，也可以进行仿真验证、时序分析等。由于 HDL 语言的标准化，易于将设计移植到不同厂家的芯片中去，信号参数也容易修改。此外，采用 HDL 进行设计还具有工艺无关性，这使得工程师在功能设计、逻辑验证阶段可以不必过多考虑门级及工艺实现的具体细节，只需根据系统设计的要求，施加不同的约束条件，即可设计出实际电路。

8.2.3　波形输入设计法

对于那些只关心输入与输出信号之间的关系，而不需要对中间变量进行干预的系统可采用波形图设计法。该方法只需给出输入信号与输出信号的波形，用户可以借助开发软件提供的波形输入系统，建立和编辑波形设计文件，EDA 软件根据用户定义的输入、输出波形自动生成逻辑关系和相应的功能模块。波形设计法是一种简明的设计方法，并且容易查错。该方法编译软件复杂，不适合复杂系统的设计，只有少数 EDA 软件支持这种设计方法。

8.2.4　状态机设计法

有些 EDA 软件提供了可视化图形状态机描述法。设计人员可以借助 EDA 软件提供的图形状态机设计窗口，类似绘画似的创建图形状态机来描述系统的功能。使用这种方法，设计者不必关心 PLD 内部结构和逻辑表达式，只需要考虑状态转移条件和各状态之间的关系，来构成状态转移图。EDA 软件根据用户绘制的状态机自动生成功能模块。

8.2.5　基于 IP 的设计法

如今集成电路的规模已经非常庞大，从头开始完完整整设计一块芯片需要花费越来越多的时间和精力，因此可重用设计变得越来越重要。IP核，即知识产权核或知识产权模块，就是一种可重用设计的模块，在今天集成电路的开发中占据着非常重要的角色。根据美国Dataquest 公司的定义，IP 核本质上是用于 ASIC 或 FPGA 的已预先设计的电路功能模块。设计人员在 IP 核的基础上进行开发，可以缩短设计周期。

8.3　现代数字系统设计流程

　　现代数字系统的设计流程是指利用 EDA 开发软件和编程工具对可编程逻辑器件进行开发的过程。在 EDA 软件平台上，用户可以选择设计输入方式（如原理图、HDL 语言、波形图等逻辑描述手段）完成系统的设计输入。然后结合多层次的仿真技术，在确保设计的可行性与正确性的前提下，完成功能确认。设计输入完成后，利用 EDA 工具进行编译、逻辑综合与优化、适配与分割以及布局和布线，将功能描述转换成某一具体目标芯片的网表文件。再利用产生的仿真文件进行功能和时序的验证，以确保实际系统的性能，直至对于特定目标芯片的逻辑映射和编程下载。整个过程包括设计准备、设计输入、设计处理和器件编程四个步骤以及相应的功能仿真、时序仿真和器件测试 3 个设计校验过程。现代数字系统的设计流程如图 8-1 所示。

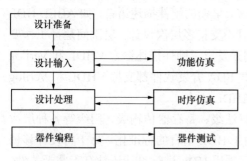

图 8-1　现代数字系统的设计流程

　　（1）设计准备。在设计之前，首先要进行方案论证、系统设计和器件选择等设计准备工作。设计者首先要根据任务要求，判明系统的可行性。系统的可行性要受到逻辑合理性、成本、开发条件、器件供应、设计员水平等方面的约束。若系统可行，则根据系统所完成的功能及复杂程度，对器件本身的资源和成本、工作速度及连线的可布性等方面进行权衡，选择合适的设计方案和合适的器件类型。

　　（2）设计输入。设计输入是设计者将所设计的系统或电路以 EDA 开发软件要求的某种形式表示出来，并输入到开发软件的过程，例如以原理图、HDL 语言等形式进行设计输入。这些方法可以单独构成，也可将多种手段组合来生成一个完整的设计。

　　在设计输入过程中，往往采用层次化设计方法，分模块、分层次地进行设计描述。描述器件总功能的模块放置在最顶层，称为顶层设计。描述器件的某一部分功能的模块放置在底层，称为底层设计。底层模块还可以继续向下分层。顶层和底层之间的关系类似于软件中的主程序和子程序的关系。层次化设计的优点是支持模块化，底层模块可以反复被调用，提高了设计效率。对于多数 EDA 开发软件，设计输入的方式多种多样，用户可以用最熟悉的方式来设计，并可将多种方式混合使用。可以在任何层次使用原理图或 HDL 语言等方式进行描述。由于原理图的特点是适合描述连接关系和接口关系，而描述逻辑功能则很烦琐。HDL 语言方式恰好相反，逻辑描述能力强，但不适合描述连接和接口关系。因此，通常的做法是：在顶层设计中，使用原理图描述模块连接关系和芯片内部逻辑到引脚的接口，而在底层设计中，使用硬件描述语言描述各个模块的逻辑功能。

　　在设计输入时，还会检查语法错误，并产生网表文件，供设计处理和设计校验使用。

（3）设计处理。设计处理是从设计输入文件到生成编程数据文件的编译过程。这是器件设计中的核心环节。设计处理是由编译软件自动完成。设计处理的过程如下：

1）逻辑优化和综合。由软件化简逻辑，并把逻辑描述转变为最适合在器件中实现的形式。综合是一个很重要的步骤，指的是将较高级抽象层次的设计描述自动转化为较低层描述的过程。其目的是将多个模块化设计文件合并为一个网表文件，并使层次设计平面化。逻辑综合应施加合理的用户约束，以满足设计的要求。

2）映射。把设计分为多个适合用具体 PLD 器件内部逻辑资源实现的逻辑小块的形式。映射工作可以全部自动实现，也可以部分由用户控制，还可以全部由用户控制进行。

3）布局和布线。布局和布线可理解为将综合生成的电路逻辑网表映射到具体的目标器件中实现，并产生最终的可下载文件的过程。布局布线将综合后的网表文件针对某一具体的目标器件进行逻辑映射，把整个设计分为多个适合器件内部逻辑资源实现的逻辑小块，并根据用户的设定在速度和面积之间做出选择或折中；布局是将已分割的逻辑小块放到器件内部逻辑资源的具体位置，并使它们易于连线；布线则是利用器件的布线资源完成各功能块之间和反馈信号之间的连接。

4）生成编程数据文件。设计处理的最后一步是产生可供器件编程使用的数据文件。如用于 CPLD 编程的 JEDEC、POF 等格式的文件；用于 FPGA 配置的 SOF、JAM、BIT 等格式的文件。

（4）设计校验。设计校验过程是使用 EDA 开发软件对设计进行分析，它包括功能仿真、时序仿真和器件测试。用户可以在设计过程中对整个系统和各个模块进行仿真，即在计算机上用软件验证功能是否正确、各部分的时序配合是否准确。如果有问题可以随时进行修改，从而避免逻辑错误。高级的仿真软件还可以对整个系统设计的性能进行估计。规模越大的设计，越需要进行仿真。

功能仿真用于验证设计的逻辑功能，不考虑信号时延等因素，又称为前仿真。它是在设计输入完成之后，选择具体器件进行编译之前进行的逻辑功能验证。功能仿真没有延时信息，对于初步的逻辑功能检测非常方便。仿真时，先利用波形编辑器或硬件描述语言等建立波形文件或测试向量，仿真结果将会生成报告文件和输出信号波形，从中便可以观察到各个节点的信号变化。若发现错误，则返回设计输入中修改逻辑设计。

时序仿真是在选择了具体器件并完成布局、布线之后进行的快速时序检验，并可对设计性能做整体上的分析，这也是与实际器件工作情况基本相同的仿真。由于不同器件的内部延时各不相同，因此不同的布局、布线方案会给延时造成不同的影响，用户可以通过选择项得到某一条或某一类路径的延时信息，也可以给出所有路径的延时信息，又称为后仿真或延时仿真。若设计的性能不能达到要求，需找出影响性能的关键路径，并返回延时信息，修改约束文件，对设计进行重新综合和布局布线，如此重复多次直到满足设计要求为止。因此在设计处理之后，对系统和各模块进行时序仿真，分析其时序关系、评估设计的性能以及检查和消除竞争冒险等是非常有必要的。

直接进行功能仿真的优点是设计耗时短，对硬件库和综合器没有任何要求，尤其对于规模比较大的设计项目，综合和布局布线在计算机耗时可观，若每次修改都进行时序仿真，显然会降低设计开发效率。通常的做法是：首先进行功能仿真，待确认设计文件满足设计要求的逻辑功能后，再进行综合、布局布线和时序仿真，把握设计项目在实际器件的工作情况。

（5）器件编程。编程是把系统设计的程序化设计数据，通过编程电缆按一定的格式装入一个或多个 PLD 的编程存储单元，定义 PLD 内部模块的逻辑功能以及它们的相互连接关系，以便进行硬件调试和器件测试。

随着 PLD 集成度的不断提高，设计的工作量越来越大，PLD 的编程日益复杂，因此 PLD 的编程必须在开发系统的支持下才能完成。PLD 的编程系统包括硬件和软件两部分，硬件包括计算机和专用的编程电缆或编程器，软件是指各种开发软件。

器件编程需要满足一定的条件，例如编程电压、编程时序和编程算法等。传统的编程技术是将 PLD 插在编程器上进行，例如简单的 PLD 大多使用这种方式进行编程。目前，许多在系统的可编程逻辑器件则不需要专门的编程器，只需要一根下载编程电缆将计算机与系统电路板相连，将器件插在系统电路板上，就可对器件进行编程或再编程。这样可以随时方便地对 ISP 器件的逻辑功能进行修改，简化了 ISP 器件的编程和目标系统的升级维护工作。

器件在编程完毕之后，对于具有边界扫描测试能力和在系统编程能力的器件来说，系统测试起来就更加方便，它可通过下载电缆下载测试数据，探测芯片的内部逻辑以诊断设计，并能随时修改设计重新编程。除此以外，开发软件中还可以利用许多设计规则检查程序进行器件测试。

8.4　基于 EDA 的数字系统设计实例

本节将介绍数字系统设计实例，按照认知规律和培养创新能力的要求，可以借鉴给出的设计实例和设计方法，完成相关的设计任务，通过多练、多做设计、多下载、多调试，掌握数字系统的设计方法。

8.4.1　数字钟的设计

1. 设计要求

（1）设计一个具有电子钟、计时器两种功能的数字钟。

（2）电子钟具有时、分、秒计时显示功能，具有清零、暂停/继续、定时按钮。由四位数码管显示，分别显示时、分；分、秒。

（3）计时器精度为 0.01s，计时范围 0～99.99s，用四位数码管显示，两个显示秒，两个显示百分秒，有暂停/继续、清零按钮。

2. 设计原理

根据数字钟的设计要求，结构如图 8-2 所示，由以下几部分组成。

（1）主控模块，控制电子钟和计时器模式转换。

（2）按键模块，实现清零、暂停/继续、定时功能。

（3）分频模块，产生 100Hz 时钟脉冲。

（4）计数器模块，对应时、分、秒。

（5）数码管译码模块，完成 BCD 码到 7 段码的译码。

输入信号 mode, ok, set, step_up 接按键，clk 代表数字钟的时钟信号，clr 代表清零信号；led 连实验板上的 led 灯，DIS 接数码管的段选端，CS 接数码管的片选端。

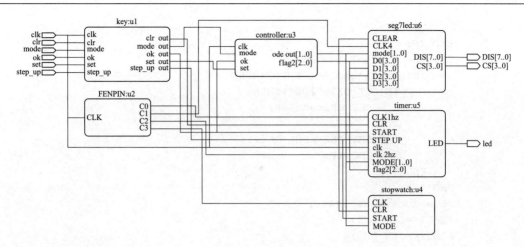

图 8-2　数字钟结构图

3. 部分参考程序

（1）主控模块。

```
LIBRARY IEEE;
USE IEEE.STD_LOGIC_1164.ALL;
USE IEEE.STD_LOGIC_UNSIGNED.ALL;
ENTITY controller IS
PORT(clk: IN STD_LOGIC;
    mode: IN STD_LOGIC;
    set: IN STD_LOGIC;
    ok: IN STD_LOGIC;
    mode_out: BUFFER STD_LOGIC_VECTOR(1 DOWNTO 0);
    flag1, flag2: BUFFER STD_LOGIC_VECTOR(2 DOWNTO 0)
    );
END controller;
ARCHITECTURE kong OF controller IS
SIGNAL SET_OK1, SET_OK2: STD_LOGIC_VECTOR(2 DOWNTO 0): ="000";
SIGNAL mode_state: STD_LOGIC_VECTOR(1 DOWNTO 0): ="00";
BEGIN
    PROCESS(mode, set, ok, clk)BEGIN
    IF(mode='1'and mode'EVENT)THEN
            IF(mode_state="11")THEN
                mode_state<="00";
            ELSE
                mode_state<=mode_state+1;
            END IF;
        ELSE mode_state<=mode_state;
        END IF;
        IF(mode_state="00" or mode_state="01")THEN
            IF(set='1'and set'EVENT)THEN
                IF(SET_OK1="100")THEN
                    SET_OK1<="000";
                ELSE
                    SET_OK1<=SET_OK1+1;
                END IF;
```

```
                END IF;
            END IF;
            IF(mode_state="11")THEN
                IF(set='1'and set'EVENT)THEN
                    IF(SET_OK2="100")THEN
                        SET_OK2<="000";
                    ELSE
                        SET_OK2<=SET_OK2+1;
                        END IF;
                END IF;
            END IF;
            mode_out<=mode_state;
            FLAG1<=SET_OK1;
            FLAG2<=SET_OK2;
    END PROCESS;
    END kong;
```

（2）按键模块。

```
LIBRARY IEEE;
USE IEEE.STD_LOGIC_1164.ALL;
USE IEEE.STD_LOGIC_UNSIGNED.ALL;
ENTITY key IS
  PORT(
    clk: IN STD_LOGIC;
    mode, set, step_up, ok, clr: IN STD_LOGIC;
    mode_out, set_out, step_up_out, ok_out, clr_out: OUT STD_LOGIC
    );
  END key;
ARCHITECTURE behav OF key IS
  BEGIN
    PROCESS(CLK, mode, set, step_up, ok, clr)
    VARIABLE COUNT1, COUNT2, COUNT3, COUNT4, COUNT5: INTEGER RANGE 0 TO 1000000;
--20ms
    BEGIN
    IF RISING_EDGE(CLK) THEN
            IF mode='0' THEN
              IF COUNT1<1000000 THEN
                  COUNT1: =COUNT1+1;
            ELSE
                COUNT1: =COUNT1;
          END IF;
            IF COUNT1<=999999 THEN
                mode_out<='1';
              ELSE
                mode_out<='0';
            END IF;
          ELSE COUNT1: =0;
          END IF;
          IF set='0' THEN
            IF COUNT2<1000000 THEN
                COUNT2: =COUNT2+1;
```

```
                ELSE
                    COUNT2: =COUNT2;
                END IF;


                IF COUNT2<=999999 THEN
                    set_out<='1';
                ELSE
                    set_out<='0';
                END IF;
        ELSE COUNT2: =0;
    END IF;
    IF step_up='0' THEN
                IF COUNT3<1000000 THEN
                    COUNT3: =COUNT3+1;
                ELSE
                    COUNT3: =COUNT3;
                END IF;


                IF COUNT3<=999999 THEN
                    step_up_out<='1';
                ELSE
                    step_up_out<='0';
                END IF;
        ELSE COUNT3: =0;
    END IF;
        IF ok='0' THEN
            IF COUNT4<1000000 THEN
                COUNT4: =COUNT4+1;
            ELSE
                COUNT4: =COUNT4;
            END IF;
            IF COUNT4<=999999 THEN
                ok_out<='1';
            ELSE
                ok_out<='0';
            END IF;
        ELSE COUNT4: =0;
    END IF;
        IF clr='0' THEN
            IF COUNT5<1000000 THEN
                COUNT5: =COUNT5+1;
            ELSE
                COUNT5: =COUNT5;
            END IF;
            IF COUNT5<=999999 THEN
                clr_out<='1';
            ELSE
                clr_out<='0';
            END IF;
        ELSE COUNT5: =0;
        END IF;
```

```
        END IF;
END PROCESS;
END behav;
```

（3）分频模块。

```
LIBRARY IEEE;
USE IEEE.STD_LOGIC_1164.ALL;
USE IEEE.STD_LOGIC_UNSIGNED.ALL;
ENTITY FENPIN IS
    PORT(
        CLK: IN STD_LOGIC;
        C0: BUFFER STD_LOGIC; --1hz
        C1: BUFFER STD_LOGIC; --100khz
        C2: BUFFER STD_LOGIC; -- 率闪烁频
        C3: BUFFER STD_LOGIC; --100hz
        C4: BUFFER STD_LOGIC --1000hz
         );
END FENPIN;
ARCHITECTURE BEHAVIORAL OF FENPIN IS
    SIGNAL COUNTER0: INTEGER RANGE 0 TO 25000000;
    SIGNAL COUNTER1: INTEGER RANGE 0 TO 250;
    SIGNAL COUNTER2: INTEGER RANGE 0 TO 12500000;
    SIGNAL COUNTER3: INTEGER RANGE 0 TO 250000;
    SIGNAL COUNTER4: INTEGER RANGE 0 TO 25000;
BEGIN
CTR0: -- 频率输出模块 0 输出 1Hz 频率
    PROCESS(CLK)BEGIN
        IF(CLK='1' AND CLK'EVENT)THEN
            IF(COUNTER0=25000000)THEN
                COUNTER0<=0; C0<=NOT C0;
            ELSE
                COUNTER0<=COUNTER0+1;
            END IF;
        END IF;
    END PROCESS;
CTR1: -- 频率输出模块 1 输出 100kHz 频率
    PROCESS(CLK) BEGIN
        IF(CLK='1' AND CLK'EVENT)THEN
            IF(COUNTER1=250)THEN
              COUNTER1<=1; C1<=NOT C1;
            ELSE
              COUNTER1<=COUNTER1+1;
            END IF;
      END IF;
    END PROCESS;
  CTR2: -- 频率输出模块 2 输出 2Hz 频率
    PROCESS(CLK)BEGIN
        IF(CLK='1' AND CLK'EVENT)THEN
            IF(COUNTER2=12500000)THEN
                COUNTER2<=0; C2<=NOT C2;
            ELSE
```

```
                    COUNTER2<=COUNTER2+1;
                END IF;
            END IF;
        END PROCESS;
    CTR3: -- 频率输出模块 3 输出 100Hz 频率
        PROCESS(CLK)BEGIN
            IF(CLK='1' AND CLK'EVENT)THEN
                IF(COUNTER3=250000)THEN
                    COUNTER3<=0; C3<=NOT C3;
                ELSE
                    COUNTER3<=COUNTER3+1;
                END IF;
            END IF;
        END PROCESS;
    CTR4: -- 频率输出模块 4
        PROCESS(CLK)BEGIN
            IF(CLK='1' AND CLK'EVENT)THEN
                IF(COUNTER4=25000)THEN
                    COUNTER4<=0; C4<=NOT C4;
                ELSE
                    COUNTER4<=COUNTER4+1;
                END IF;
            END IF;
        END PROCESS;
END BEHAVIORAL;
```

（4）电子钟计数器模块。

```
LIBRARY IEEE;
USE IEEE.STD_LOGIC_1164.ALL;
USE IEEE.STD_LOGIC_UNSIGNED.ALL;
ENTITY timer IS
PORT(
    mode: IN STD_LOGIC_VECTOR(1 DOWNTO 0);
    flag2: IN STD_LOGIC_VECTOR(2 DOWNTO 0);
    clk1, clk2, clk3, clk4: IN STD_LOGIC;
    CLEAR: IN STD_LOGIC;
    step_up: IN STD_LOGIC;
    start: IN STD_LOGIC;
    D_10, D_11, D_12, D_13: OUT STD_LOGIC_VECTOR(3 DOWNTO 0);
    COUT1, COUT2, COUT3, COUT4: BUFFER STD_LOGIC
    );
END timer;
ARCHITECTURE behav OF timer IS
SIGNAL TEMP1, TEMP2, TEMP3, TEMP4: STD_LOGIC_VECTOR(3 DOWNTO 0);
SIGNAL START_STATE: STD_LOGIC: ='1';
BEGIN
  PROCESS(START, COUT4)BEGIN
    IF(START'EVENT AND START='1')THEN
    IF(MODE="11" AND FLAG2="000")THEN
        START_STATE<=NOT START_STATE;
        ELSE
```

```
                    START_STATE<='1';
              END IF;
                ELSE START_STATE<=START_STATE;
              END IF;
        IF(COUT4='1')THEN START_STATE<='1';
        END IF;
END PROCESS;
PROCESS(CLK1, CLEAR)IS BEGIN
    IF(CLEAR='1')THEN
    TEMP1<="0000"; COUT1<='0';
    ELSIF(CLK1'EVENT AND CLK1='1')THEN
      -- 倒计时
        IF(START_STATE='0'AND COUT4='0')THEN
            IF(FLAG2="000")THEN
                IF(TEMP1="0000")THEN
                    TEMP1<="1001"; COUT1<='1';
                ELSE
                    TEMP1<=TEMP1-1; COUT1<='0';
                END IF;
            END IF;
        ELSE
            -- 设置数字
            IF(FLAG2/="000")THEN
                IF(TEMP1="1001")THEN
                    TEMP1<="0000";
                ELSE
                    TEMP1<=TEMP1+1;
                END IF;
            END IF;
        END IF;
    END IF;
                    D_10<=TEMP1;
END PROCESS;
PROCESS(CLK2, CLEAR)ISBEGIN
    IF(CLEAR='1')THEN
                TEMP2<="0000"; COUT2<='0';
    ELSIF(CLK2'EVENT AND CLK2='1')THEN
        IF(START_STATE='0'AND COUT4='0')THEN
            IF(TEMP2="0000")THEN
                TEMP2<="1001"; COUT2<='1';
            ELSE
                TEMP2<=TEMP2-1; COUT2<='0';
            END IF;
        ELSE
            IF(FLAG2/="000")THEN
                IF(TEMP2="1001")THEN
                    TEMP2<="0000";
                ELSE
                    TEMP2<=TEMP2+1;
                END IF;
            ELSE TEMP2<=TEMP2;
```

```
                END IF;
            END IF;
        END IF;
                D_11<=TEMP2;
END PROCESS;
PROCESS(CLK3, CLEAR)IS BEGIN
    IF(CLEAR='1')THEN
        TEMP3<="0000"; COUT3<='0';
    ELSIF(CLK3'EVENT AND CLK3='1')THEN
        IF(START_STATE='0'AND COUT4='0')THEN
            IF(TEMP3="0000")THEN
                TEMP3<="1001"; COUT3<='1';
            ELSE
                TEMP3<=TEMP3-1; COUT3<='0';
            END IF;
        ELSE
            IF(FLAG2/="000")THEN
                IF(TEMP3="1001")THEN
                    TEMP3<="0000";
                ELSE
                    TEMP3<=TEMP3+1;
                END IF;
            ELSE TEMP3<=TEMP3;
            END IF;
        END IF;
    END IF;
                D_12<=TEMP3;
END PROCESS;
PROCESS(CLK4, CLEAR)IS BEGIN
    IF(FLAG2/="000")THEN
        COUT4<='0';
    ELSIF(CLEAR='1')THEN
        TEMP4<="0000"; COUT4<='0';
    ELSIF(CLK4'EVENT AND CLK4='1')THEN
        IF(START_STATE='0')THEN
            IF(TEMP4="0000")THEN
                COUT4<='1';
            ELSE
                TEMP4<=TEMP4-1; COUT4<='0';
            END IF;
        ELSE
            IF(FLAG2/="000")THEN
                IF(TEMP4="1001")THEN
                    TEMP4<="0000";
                ELSE
                    TEMP4<=TEMP4+1;
                END IF;
            ELSE TEMP4<=TEMP4;
            END IF;
        END IF;
    END IF;
```

```
              D_13<=TEMP4;
END PROCESS;
END behav;
```

（5）计时器模块。

```
LIBRARY IEEE;
USE IEEE.STD_LOGIC_1164.ALL;
USE IEEE.STD_LOGIC_UNSIGNED.ALL;
ENTITY stopwatch IS
  PORT(
    MODE: IN STD_logic_vector(1 DOWNTO 0);
    CLK: IN STD_LOGIC;
    START: IN STD_LOGIC;
    CLR: IN STD_LOGIC;
    D_6, D_7, D_8, D_9: OUT STD_LOGIC_VECTOR(3 DOWNTO 0)
    );
END stopwatch;
ARCHITECTURE STRUCT OF stopwatch IS
COMPONENT COUNT_10_D_0 IS
  PORT(
    mode: IN STD_LOGIC_VECTOR(1 DOWNTO 0);
    CLK1, CLEAR, START: IN STD_LOGIC;
    BCD_OUT: OUT STD_LOGIC_VECTOR(3 DOWNTO 0);
    COUT: BUFFER STD_LOGIC
    );
END COMPONENT;
COMPONENT COUNT_10_D_1 IS
  PORT(
    CLK2, CLEAR: IN STD_LOGIC;
    BCD_OUT: OUT STD_LOGIC_VECTOR(3 DOWNTO 0);
    COUT: BUFFER STD_LOGIC
    );
END COMPONENT;
COMPONENT COUNT_10_D_2 IS
  PORT(
    CLK3, CLEAR: IN STD_LOGIC;
    BCD_OUT: OUT STD_LOGIC_VECTOR(3 DOWNTO 0);
    COUT: BUFFER STD_LOGIC
    );
END COMPONENT;
COMPONENT COUNT_10_D_3 IS
  PORT(
    CLK4, CLEAR: IN STD_LOGIC;
    BCD_OUT: OUT STD_LOGIC_VECTOR(3 DOWNTO 0);
    COUT: BUFFER STD_LOGIC
    );
END COMPONENT;
SIGNAL clk1, clk2, clk3, cout: STD_LOGIC;
  BEGIN
    u41: COUNT_10_D_0 PORT MAP(mode, clk, clr, start, D_6, clk1);
    u42: COUNT_10_D_1 PORT MAP(clk1, clr, D_7, clk2);
```

```
    u43: COUNT_10_D_2 PORT MAP(clk2, clr, D_8, clk3);
    u44: COUNT_10_D_3 PORT MAP(clk3, clr, D_9, cout);
    END ARCHITECTURE STRUCT;
```

（6）计时器计数模块。

```
LIBRARY IEEE;
USE IEEE.STD_LOGIC_1164.ALL;
USE IEEE.STD_LOGIC_UNSIGNED.ALL;
ENTITY COUNT_10_D_0 IS
  PORT(mode: IN STD_LOGIC_vecto(1 DOWNTO 0);
    CLK1, CLEAR, START: IN STD_LOGIC;
    BCD_OUT: OUT STD_LOGIC_VECTOR(3 DOWNTO 0);
    COUT: BUFFER STD_LOGIC);
END ENTITY COUNT_10_D;
ARCHITECTURE BEHAVIORAL OF COUNT_10_D IS
SIGNAL TEMP: STD_LOGIC_VECTOR(3 DOWNTO 0);
SIGNAL START_STATE: STD_LOGIC: ='1';
BEGIN
  PROCESS(START)BEGIN
        IF(START'EVENT AND START='1')THEN
        IF(MODE="10")THEN
            START_STATE<=NOT START_STATE;
        ELSE
            START_STATE<='1';
        END IF;
    ELSE START_STATE<=START_STATE;
    END IF;
END PROCESS;
PROCESS(CLK1, CLEAR)IS BEGIN
    IF(CLEAR='1')THEN
        TEMP<="0000"; COUT<='0';
    ELSIF(CLK1'EVENT AND CLK1='1')THEN
        IF(START_STATE='0')THEN
            IF(TEMP="1001")THEN
              TEMP<="0000"; COUT<='1';
            ELSE
              TEMP<=TEMP+1; COUT<='0';
            END IF;
        ELSE
          TEMP<=TEMP;
        END IF;
    END IF;
        BCD_OUT<=TEMP;
  END PROCESS;
END ARCHITECTURE BEHAVIORAL;

LIBRARY IEEE;
USE IEEE.STD_LOGIC_1164.ALL;
USE IEEE.STD_LOGIC_UNSIGNED.ALL;
ENTITY COUNT_10_D_1 IS
  PORT(
```

```
        CLK2, CLEAR: IN STD_LOGIC;
        BCD_OUT: OUT STD_LOGIC_VECTOR(3 DOWNTO 0);
        COUT: BUFFER STD_LOGIC
        );
END ENTITY COUNT_10_D_1;
ARCHITECTURE BEHAVIORAL OF COUNT_10_D_1 IS
SIGNAL TEMP: STD_LOGIC_VECTOR(3 DOWNTO 0);
BEGIN
  PROCESS(CLK2, CLEAR)IS BEGIN
    IF(CLEAR='1')THEN
        TEMP<="0000"; COUT<='0';
    ELSIF(CLK2'EVENT AND CLK2='1')THEN
        IF(TEMP="1001")THEN
            TEMP<="0000"; COUT<='1';
        ELSE
            TEMP<=TEMP+1; COUT<='0';
        END IF;
    ELSE TEMP<=TEMP;
    END IF;
  BCD_OUT<=TEMP;
  END PROCESS;
END ARCHITECTURE BEHAVIORAL;

LIBRARY IEEE;
USE IEEE.STD_LOGIC_1164.ALL;
USE IEEE.STD_LOGIC_UNSIGNED.ALL;
ENTITY COUNT_10_D_2 IS
  PORT(
    CLK3, CLEAR: IN STD_LOGIC;
    BCD_OUT: OUT STD_LOGIC_VECTOR(3 DOWNTO 0);
    COUT: BUFFER STD_LOGIC
    );
END ENTITY COUNT_10_D_2;

ARCHITECTURE BEHAVIORAL OF COUNT_10_D_2 IS
SIGNAL TEMP: STD_LOGIC_VECTOR(3 DOWNTO 0);
BEGIN
  PROCESS(CLK3, CLEAR)IS
  BEGIN
    IF(CLEAR='1')THEN
        TEMP<="0000"; COUT<='0';
    ELSIF(CLK3'EVENT AND CLK3='1')THEN
        IF(TEMP="1001")THEN
            TEMP<="0000"; COUT<='1';
        ELSE
            TEMP<=TEMP+1; COUT<='0';
        END IF;
    ELSE TEMP<=TEMP;
    END IF;
  BCD_OUT<=TEMP;
  END PROCESS;
```

```
END ARCHITECTURE BEHAVIORAL;

LIBRARY IEEE;
USE IEEE.STD_LOGIC_1164.ALL;
USE IEEE.STD_LOGIC_UNSIGNED.ALL;
ENTITY COUNT_10_D_3 IS
  PORT(
    CLK4, CLEAR: IN STD_LOGIC;
    BCD_OUT: OUT STD_LOGIC_VECTOR(3 DOWNTO 0);
    COUT: BUFFER STD_LOGIC
  );
END ENTITY COUNT_10_D_3;
ARCHITECTURE BEHAVIORAL OF COUNT_10_D_3 IS
SIGNAL TEMP: STD_LOGIC_VECTOR(3 DOWNTO 0);
BEGIN
  PROCESS(CLK4, CLEAR)IS BEGIN
    IF(CLEAR='1')THEN
        TEMP<="0000"; COUT<='0';
    ELSIF(CLK4'EVENT AND CLK4='1')THEN
        IF(TEMP="1001")THEN
            TEMP<="0000"; COUT<='1';
        ELSE
            TEMP<=TEMP+1; COUT<='0';
        END IF;
    ELSE TEMP<=TEMP;
    END IF;
  BCD_OUT<=TEMP;
  END PROCESS;
END ARCHITECTURE BEHAVIORAL;
```

（7）数码管译码模块。

```
LIBRARY IEEE;
USE IEEE.STD_LOGIC_1164.ALL;
USE IEEE.STD_LOGIC_UNSIGNED.ALL;
ENTITY seg7led IS
  PORT(
    mode: IN STD_LOGIC_VECTOR(1 DOWNTO 0);
    CLK4, CLEAR: IN STD_LOGIC; -- 时钟 , 复位信号
    D_0, D_1, D_2, D_3: IN STD_LOGIC_VECTOR(3 DOWNTO 0);
    DIS: OUT STD_LOGIC_VECTOR(7 DOWNTO 0); -- 数码管段选信号
    CS: OUT STD_LOGIC_VECTOR(3 DOWNTO 0)-- 数码管片选信号
    );
END seg7led;
ARCHITECTURE XIANSHI OF seg7led IS
SIGNAL DAKEY: STD_LOGIC_VECTOR(3 DOWNTO 0);
SIGNAL CA: INTEGER RANGE 0 TO 3;
BEGIN
-- 实现数码管的动态扫描
N0: PROCESS(CLK4, CLEAR)
    VARIABLE CAL: INTEGER RANGE 0 TO 3;
    BEGIN
```

```
        IF(CLEAR='1')THEN
            CAL: =0;
        ELSIF RISING_EDGE(CLK4)THEN
            IF(CAL=3)THEN
                CAL: =0;
            ELSE
                CAL: =CAL+1;
            END IF;
        END IF;
                CA<=CAL;
        END PROCESS N0;
-- 选择当前显示的数码管
N1: PROCESS(CA)
VARIABLE SS: STD_LOGIC_VECTOR(3 DOWNTO 0);
BEGIN
    CASE CA IS
        WHEN 0 =>SS: =D_0(3 DOWNTO 0); CS<="1110"; DIS(7)<='1';
        WHEN 1 =>SS: =D_1(3 DOWNTO 0); CS<="1101"; DIS(7)<='1';
        WHEN 2 =>SS: =D_2(3 DOWNTO 0); CS<="1011"; if(mode/="11")then
        DIS(7)<='0'; else dis(7)<='1'; end if;
        WHEN 3 =>SS: =D_3(3 DOWNTO 0); CS<="0111"; DIS(7)<='1';
        WHEN OTHERS => SS: ="ZZZZ"; CS<="1111";
    END CASE;
            DAKEY<=SS;
    END PROCESS N1;
-- 选择当前显示的数字
N2: PROCESS(DAKEY)
BEGIN
    CASE DAKEY IS
        WHEN "0000" => DIS(6 DOWNTO 0) <= "1000000"; -- 0
        WHEN "0001" => DIS(6 DOWNTO 0) <= "1111001"; -- 1
        WHEN "0010" => DIS(6 DOWNTO 0) <= "0100100"; -- 2
        WHEN "0011" => DIS(6 DOWNTO 0) <= "0110000"; -- 3
        WHEN "0100" => DIS(6 DOWNTO 0) <= "0011001"; -- 4
        WHEN "0101" => DIS(6 DOWNTO 0) <= "0010010"; -- 5
        WHEN "0110" => DIS(6 DOWNTO 0) <= "0000010"; -- 6
        WHEN "0111" => DIS(6 DOWNTO 0) <= "1111000"; -- 7
        WHEN "1000" => DIS(6 DOWNTO 0) <= "0000000"; -- 8
        WHEN "1001" => DIS(6 DOWNTO 0) <= "0010000"; -- 9
        WHEN OTHERS => DIS(6 DOWNTO 0) <= "1111111";
    END CASE;
  END PROCESS;
END XIANSHI;
```

8.4.2 汽车尾灯电路设计

1. 设计要求

（1）使用控制开关显示汽车尾灯状态。

（2）汽车尾灯状态由六位 led 灯表示，分别有左转、右转、前进。

2. 设计原理

（1）输入状态由三位按键控制，不同的按键状态对应不同的输出。

（2）按键状态与输出状态如表 8-1 所示。

表 8-1　　　　　　　　　　　　　**按键状态与输出状态真值表**

输入按键状态	输出 led 状态
101	000001
110	000010
111	000100
001	100000
010	010000
011	001000

3. 部分参考代码

```
LIBRARY IEEE;
USE IEEE.STD_LOGIC_1164.ALL;
USE IEEE.STD_LOGIC_UNSIGNED.ALL;
ENTITY weideng IS
 PORT( clk, tright, tleft, jingji: IN STD_LOGIC;
        rightdeng: OUT STD_LOGIC_VECTOR(2 DOWNTO 0);
        leftdeng: OUT STD_LOGIC_VECTOR(2 DOWNTO 0));
END weideng;
ARCHITECTURE qiche OF weideng IS
   SIGNAL rightd: STD_LOGIC_VECTOR(1 DOWNTO 0);
   SIGNAL leftd: STD_LOGIC_VECTOR(1 DOWNTO 0);
   SIGNAL jingjid: STD_LOGIC_VECTOR(1 DOWNTO 0);
 BEGIN
 control: PROCESS(clk, tleft, tright)
 BEGIN
   IF clk'EVENT AND clk='1'THEN
    IF rightd="01"THEN rightd<="11";
     ELSE rightd<=(rightd-1);
    END IF;
    IF leftd<="01" THEN leftd<="11";
     ELSE leftd<=(leftd-1);
    END IF;
    IF(jingjid="01") THEN
     jingjid<="11";
    ELSE
     jingjid<=(jingjid-1);
    END IF;
  END IF;
END PROCESS control;
proout: PROCESS(clk, tright, tleft, rightd, leftd, jingjid)
BEGIN
 IF clk'EVENT AND clk='1'THEN
    IF tright='1'THEN leftdeng<="000";
       CASE rightd IS
           WHEN"01"=>rightdeng<="001";
           WHEN"10"=>rightdeng<="010";
```

```
                   WHEN"11"=>rightdeng<="100";
                   WHEN OTHERS=>rightdeng<="000";
              END CASE;
         ELSIF tright='0' THEN rightdeng<="000";
              CASE leftd IS
                   WHEN"01"=>leftdeng<="100";
                   WHEN"10"=>leftdeng<="010";
                   WHEN"11"=>leftdeng<="001";
                   WHEN OTHERS=>leftdeng<="000";
              END CASE;
         ELSIF tleft='0'THEN leftdeng<="000";
         END IF;
   END IF;
     IF tleft='1'AND tright='1'THEN
        leftdeng<="111";
        rightdeng<="111";
     ELSIF tleft='0'AND tright='0'THEN
        leftdeng<="000";
        rightdeng<="000";
     END IF;
     IF(jingji='1')THEN
        CASE jingjid IS
        WHEN"01"=>leftdeng<="000";
           rightdeng<="000";
        WHEN"10"=> leftdeng<="111";
           rightdeng<="111";
        WHEN"11"=> leftdeng<="000";
           rightdeng<="000";
        WHEN OTHERS=>leftdeng<="111";
           rightdeng<="111";
        END CASE;
     END IF;
  END PROCESS proout;
END qiche;
```

8.4.3　8 位彩灯控制器的设计

1. 设计要求

设计一个彩灯控制器。可以实现四种花型循环变化，有复位开关。整个系统共有三个输入信号 CLK，RST，SelMode，八个输出信号控制八个彩灯。时钟信号 CLK 脉冲由系统的晶振产生。各种不同花样彩灯的变换由 SelMode 控制。硬件电路的设计要求在彩灯的前端加 74373 锁存器。用来对彩灯进行锁存控制。此彩灯控制系统设定有四种花样变化，这四种花样可以进行切换，四种花样分别为：

（1）彩灯从左到右逐次闪亮，然后从右到左逐次熄灭。

（2）彩灯两边同时亮两个，然后逐次向中间点亮。

（3）彩灯最左两个点亮，然后逐次右移；移至最右边，再逐次左移。

（4）彩灯中间两个点亮。然后同时向两边散开。

2. 设计原理

将整个控制器分为四个部分，分别对应彩灯的四种变化模式，见表 8-2。

表 8-2　　　　　　　　　　8 位彩灯控制器的设计原理

花型 1	花型 2	花型 3	花型 4
10000000	10000001	11000000	00011000
11000000	11000011	01100000	00111100
11100000	11100111	00110000	01111110
11110000	11111111	00011000	11111111
11111000	00000000	00001100	00000000
11111100		00000110	
11111110		00000011	
11111111		00000110	
11111110		00001100	
11111100		00011000	
11111000		00110000	
11110000		01100000	
11100000		11000000	
11000000		00000000	
10000000			
00000000			

3. 部分参考程序

```
LIBRARY IEEE;
USE IEEE.STD_LOGIC_1164.ALL;
USE IEEE.STD_LOGIC_ARITH.ALL;
USE IEEE.STD_LOGIC_UNSIGNED.ALL;
ENTITY CaiDeng IS
 PORT( CLK: IN std_logic;
       RST: IN std_logic;
       SelMode: IN STD_LOGIC_VECTOR(1 DOWNTO 0);  --彩灯花样控制
       Light: OUT STD_LOGIC_VECTOR(7 DOWNTO 0));
END CaiDeng;
ARCHITECTURE control OF CaiDeng IS
 SIGNAL clk1ms: STD_LOGIC: ='0';
 SIGNAL cnt1: STD_LOGIC_VECTOR(3 DOWNTO 0): ="0000";
 SIGNAL ent2: STD_LOGIC_VECTOR(1 DOWNTO 0): ="00";
 SIGNAL cnt3: STD_LOGIC_VECTOR(3 DOWNTO 0): ="0000";
 SIGNAL cnt4: STD_LOGIC_VECTOR(1 DOWNTO 0): ="00";
BEGIN
P1: PROCESS(clk1ms)BEGIN
 IF(clk1ms'EVENT AND clk1ms='1')THEN
    IF selmode="00" THEN --第一种彩灯花样的程序
        IF cnt1="1111" THEN
            cnt1<="0000";
        ELSE cnt1<= cnt1+1;
        END IF;
        CASE cnt1 IS
```

```
            WHEN "0000"=>light<="10000000";
            WHEN "0001"=>light<="11000000";
            WHEN "0010"=>light<="11100000";
            WHEN "0011"=>light<="11110000";
            WHEN "0100"=>light<="11111000";
            WHEN "0101"=>light<="11111100";
            WHEN "0110"=>light<="11111110";
            WHEN "0111"=>light<="11111111";
            WHEN "1000"=>light<="11111110";
            WHEN "1001"=>light<="11111100";
            WHEN "1010"=>light<="11111000";
            WHEN "1011"=>light<="11110000";
            WHEN "1100"=>light<="11100000";
            WHEN "1101"=>light<="11000000";
            WHEN "1110"=>light<="10000000";
            WHEN OTHERS=>light<="00000000";
        END CASE;
    ELSIF selmode="01" THEN -- 第二种彩灯花样的程序
        IF cnt2="11" THEN
            cnt2<="00";
        ELSE cnt2<= cnt2+1;
        END IF;
        CASE cnt2 IS
            WHEN "00"=>light<="10000001";
            WHEN "01"=>light<="11000011";
            WHEN "10"=>light<="11100111";
            WHEN "11"=>light<="11111111";
            WHEN OTHERS=>light<="00000000";
        END ease;
    ELSIF selmode="10" THEN --第三种彩灯花样的程序
IF cnt3="1111" THEN
        cnt3<="0000";
ELSE cnt3<=cnt3+1;
END IF;
        CASE cnt3 IS
            WHEN "0000"=>light<="11000000";
            WHEN "0001"=>light<="01100000";
            WHEN "0010"=>light<="00110000";
            WHEN "0011"=>light<="00011000";
            WHEN "0100"=>light<="00001100";
            WHEN "0101"=>light<="00000110";
            WHEN "0110"=>light<="00000011";
            WHEN "0111"=>light<="00000110";
            WHEN "1000"=>light<="00001100";
            WHEN "1001"=>light<="00011000";
            WHEN "1010"=>light<="00110000";
            WHEN "1011"=>light<="01100000";
            WHEN "1100"=>light<="11000000";
            WHEN OTHERS=>light<="00000000";
        END CASE;
    ELSIF selmode="11" THEN -- 第四种彩灯花样的程序
```

```
        IF cnt4="11" THEN
            cnt4<="00";
        ELSE cnt4<= cnt4+1;
        END IF;
            CASE cnt4 IS
                WHEN "00"=>light<="00011000";
                WHEN "01"=>light<="00111100";
                WHEN "10"=>light<="01111110";
                WHEN "11"=>light<="11111111";
                WHEN OTHERS=>light<="00000000";
            END ease;
        END IF;
    END IF;
END PROCESS P1;
P2：PROCESS(clk) --分频进程
 VARIABLE cnt: INTEGER RANGE 0 TO 1000;
 BEGIN
    IF(RST='0')THEN
        cnt: =0:
    ELSIF(clk'EVENT AND clk='1')THEN
    IF cnt<999 THEN
        cnt: =cnt+1;
        clk1ms<='0';
     ELSE
        cnt: =0;
        clk1ms<='1';
    END IF;
  END IF;
END PROCESS P2;
END control;
```

8.4.4　交通信号灯单元电路的设计

1. 设计要求

在十字路口南北和东西两个方向各设一组红灯、黄灯、绿灯。设一组倒计时显示器（见图 8-3）。

自动控制：设置一组数码管，以倒计时的方式显示允许通行或禁止通行的时间，南北方向为主干道，红灯、黄灯和绿灯显示时间分别是 55s、5s、50s。东西方向为次干道，红灯、黄灯绿灯显示时间分别为 35s、5s、30s。

特殊功能：

（1）紧急状态时，手动拨动紧急开关，主干道以及次干道都显示红灯，禁止通行，并由蜂鸣器报警。

（2）黄灯显示信号为脉冲信号，使得黄灯为"一闪一闪"的显示状态。

2. 设计原理

在 VHDL 设计描述中，采用自顶向下的设计思路，首先要描述顶层的接口，设计要求中已经规定了交通灯控制的输入输出信号。输入信号：外部时钟信号 clk。LED 在自顶向下的 VHDL 设计描述中，通常把整个设计的系统划分为几个模块，然后采用结构描述方式对整个系统进行描述。通过分析可以把交通灯控制系统划分为 4 个模块：时钟分频模块、计数模块、控制模块、分位译码模块。

分频电路：输入较高频率脉冲，用分频电路得到较低频率的时钟信号，本电路通过二次分频得到 1Hz 的时钟信号。

控制器电路：根据计数器的计数值控制发光二极管的亮、灭，输出倒计时数值给七段译码管的分位译码电路。当检测到手动控制信号（hold=1）时，执行特殊控制；

计数器电路：下一个时钟沿恢复到 0，开始下一轮计数。当检测到特殊情况（HOLD=1）发生时，计数器暂停计数。

分位译码电路：因为控制器输出的倒计时数值可能是 1 位或者 2 位十进制数，所以在七段数码管的译码电路前要加上分位电路（即将其分为 2 个 1 位的十进制数）。七段数码管的译码电路根据控制电路的控制信号，驱动交通灯的显示，通过输入二进制数值，输出信号点亮二极管，电路采用共阴极数码管，因此译码电路输出逻辑数值"1"点亮二极管，译码电路输出逻辑数值"0"熄灭二极管。

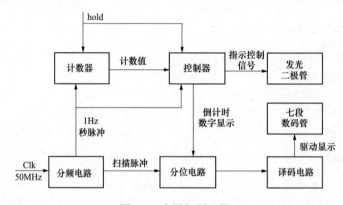

图 8-3　交通灯原理图

3. 模块设计

（1）分频模块。分频器 1 实现的是将高频时钟信号转换成低频的时钟信号，用于触发控制器、计数器和扫描显示电路。该分频器实现的是 1000 分频，将 50MHz 的时钟信号分频成 50000Hz 的时钟信号。

```
LIBRARY IEEE;
USE IEEE.Std_Logic_1164.ALL;
ENTITY FreDevider IS
PORT
  (Clkin: IN Std_Logic;
    Clkout: OUT Std_Logic);
END;
ARCHITECTURE Devider OF FreDevider IS
CONSTANT N: Integer: =499;
Signal counter: Integer range 0 to N;
signal Clk: Std_Logic;
BEGIN
 PROCESS(Clkin)
   BEGIN
     IF rising_edge(Clkin)THEN
```

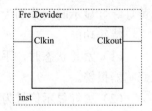

```
      IF Counter=N THEN
        counter<=0;
        Clk<=not clk;
       ELSE
        counter<=counter+1;
      END IF;
    END IF;
  END PROCESS;
 clkout<=clk;
END;
```

分频器 2 实现的是 50000 分频，将 50000Hz 的时钟信号分频成 1Hz 的时钟信号。

```
LIBRARY IEEE;
USE IEEE.Std_Logic_1164.ALL;
ENTITY FreDevider1 IS
PORT
 (Clkin: IN Std_Logic;
   Clkout: OUT Std_Logic);
END;
ARCHITECTURE Devider1 OF FreDevider1 IS
CONSTANT N: Integer: =24999;
signal counter: Integer range 0 to N;
signal Clk: Std_Logic;
BEGIN
   PROCESS(Clkin)
   BEGIN
    IF rising_edge(Clkin)THEN
     IF Counter=N THEN
       counter<=0;
       Clk<=not clk;
      else
       counter<=counter+1;
      END IF;
     END IF;
   END PROCESS;
  clkout<=clk;
END;
```

（2）控制器模块。控制器的作用是根据计数器的计数值控制发光二极管的亮、灭，以及输出倒计时数值给七段译码的分位译码电路。此外，当检测到特殊情况（Hold=1）发生时，无条件点亮红色的发光二极管。

功能：控制发光二极管的亮、灭，以及输出倒计时数值给七段译码管的分位译码电路。

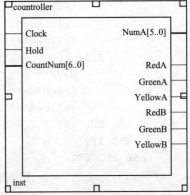

```
LIBRARY IEEE;
USE IEEE.STD_LOGIC_1164.ALL;
ENTITY countroller IS
PORT (Clock: IN STD_LOGIC;
    Hold: in std_logic;
    CountNum: in INTEGER RANGE 0 TO 89;
```

```
    NumA: out INTEGER RANGE 0 TO 90;
    RedA, GreenA, YellowA: out std_logic;
    RedB, GreenB, YellowB: out std_logic);
END;
ARCHITECTURE behavior OF Countroller IS
BEGIN
process(Clock)
 BEGIN
   IF falling_edge(Clock)THEN
   IF Hold='1' THEN
        RedA<='1';
        RedB<='1';
        GreenA<='0';
        GreenA<='0';
        YellowA<='0';
        YellowB<='0';
          ELSIF CountNum<=54 THEN
            NumA<=55-CountNum;
            RedA<='0';
            GreenA<='1';
            YellowA<='0';
          ELSIF CountNum<=59 THEN
            NumA<=60;
            RedA<='0';
            GreenA<='0';
            YellowA<='1';
          ELSE
            NumA<=90-CountNum;
            RedA<='1';
            GreenA<='0';
            YellowA<='0';
          END IF;
IF CountNum<=54 THEN
        RedB<='1';
        GreenB<='0';
        YellowB<='0';
          ELSIF CountNum<=84 THEN
            RedB<='0';
            GreenB<='1';
            YellowB<='0';
        ELSE
            RedB<='0';
            GreenB<='0';
            YellowB<='1';
        END IF;
    END IF;
  END PROCESS;
END;
```

（3）计数器模块。计数器的计数范围为 0-90s，下一个时钟沿回复到 0，开始下一轮计数。此外，当检测到特殊情况（Hold=1）发生时，计数器暂停计数。

程序如下：

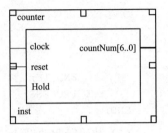

```
LIBRARY IEEE;
USE IEEE.STD_LOGIC_1164.ALL;
ENTITY counter IS
PORT (clock: IN STD_LOGIC;
        Reset: IN STD_LOGIC;
        Hold: in std_logic;
        countNum: BuFFeR INTEGER RANGE 0 TO 90);
END;
ARCHITECTURE behavior OF counter IS
    BEGIN
        Process(lock)
            BEGIN
                IF rising_edge(Clock) THEN
                IF Hold='1' then
                countNum<=countNum;
            ELSE
                IF countNum=90 THEN
                countNum<=0;
            ELSE
                countNum<=countNum+1;
            END IF;
        END IF;
    END PROCESS;
END;
```

（4）分位模块。

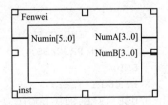

```
LIBRARY IEEE;
USE IEEE.STD_LOGIC_1164.ALL;
ENTITY Fenwei IS
PORT(Numin: IN integer RANGE 0 TO 90;
    NumA, NumB: OUT Integer RANGE 0 to 9
    );
END;
ARCHITECTURE behavior OF Fenwei IS
    BEGIN
        process(Numin)
            BEGIN
                IF Numin>=60 THEN
                    NumA<=10;
                    NumB<=10;
                ELSIF Numin>=50 THEN
                    NumA<=5;
                    NumB<=Numin-50;
                ELSIF Numin>=40 THEN
                    NumA<=4;
```

```
                        NumB<=Numin-40;
                ELSIF Numin>=30 THEN
                    NumA<=3;
                    NumB<=Numin-30;
                ELSIF Numin>=20 THEN
                    NumA<=2;
                    NumB<=Numin-20;
                ELSIF Numin>=10 THEN
                    NumA<=1;
                    NumB<=Numin-10;
                ELSE
                    NumA<=0;
                    NumB<=Numin;
            END IF;
        END PROCESS;
END;
```

（5）数码管驱动设计。

```
LIBRARY IEEE;
USE IEEE.STD_LOGIC_1164.ALL;
ENTITY bcd_data IS
PORT(bcd_data: in STD_LOGIC_VECTOR(3 downto 0);
    segout: out STD_LOGIC_VECTOR(6 downto 0)
    );
END;
ARCHITECTURE behavior OF bcd_data IS
    BEGIN
        process(bcd_data)
            BEGIN
                case bcd_data is
                    when "0000"=>segout<="1111110";
                    when "0001"=>segout<="0110000";
                    when "0010"=>segout<="1101101";
                    when "0011" =>segout<="1111001";
                    when "0100" =>segout<="0110011";
                    when "0101"=>segout<="1011011";
                    when "0110"=>segout<="0011111";
                    when "0111"=>segout<="1110000";
                    when "1000" =>segout<="1111111";
                    when "1001" =>segout<="1110011";
                    when "1010"=>segout<="0000000";
                    when others =>null;
            END CASE;
        end PROCESS;
END;
LIBRARY IEEE;
USE IEEE.STD_LOGIC_1164.ALL;
USE IEEE.STD_LOGIC_unsigned.ALL;
ENTITY dtsm IS
```

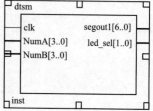

```
PORT(clk: in STD_LOGIC;
        NumA, NumB, NumC, NumD: in STD_LOGIC_VECTOR(3 downto 0);
        segout1: out STD_LOGIC_VECTOR(6 downto 0);
        led_sel: out STD_LOGIC_VECTOR(3 downto 0));
   END dtsm;
ARCHITECTURE bhv OF dtsm IS
COMPONENT bcd_data IS
PORT (bcd_data: in STD_LOGIC_VECTOR(3 downto 0);
      segout: out STD_LOGIC_VECTOR(6 downto 0));
   END COMPONENT;
      signal x: STD_LOGIC_VECTOR(3 downto 0);
      signal q: STD_LOGIC_VECTOR(1 downto 0);
     BEGIN
        P1: PROCESS(clk)
            BEGIN
                IF clk'event and clk ='1' THEN
                    Q<= Q + '1';
                END IF;
          END PROCESS;
         P2: PROCESS(Q)
     BEGIN
       CASE Q IS
            when"00"=>led_sel<="1110"; x<=NumD;
            when"01"=>led_sel<="1101"; x<=NumC;
            when"10"=>led_sel<="1011"; x<=NumB;
            when"11"=>led_sel<="0111"; x<=NumA;
            when others=>null;
        END CASE;
    END PROCESS;
      u1: bcd_data PORT map(bcd_data=>x, segout=>segout1);
END;
```

（6）顶层文件设置。

```
LIBRARY IEEE;
USE IEEE.STD_LOGIC_1164.ALL;
ENTITY jiaotongdeng IS
PORT(clk1:in std_logic;
    reset1:in std_logic;
    hold1:in std_logic;
    segout2:out std_logic_vector(6 downto 0);
    led_sel1:out std_logic_vector(3 downto 0);
    reda1,yellowa1,greena1:out std_logic;
    redb1,yellowb1,greenb1:out std_logic);
END jiaotongdeng;

ARCHITECTURE aa11 OF jiaotongdeng IS
COMPONENT FreDevider
PORT (Clkin:IN Std_Logic;
    Clkout:OUT Std_Logic);
```

```
END COMPONENT;

COMPONENT FreDevider1
PORT (Clkin:IN Std_Logic;
    Clkout:OUT Std_Logic);
END COMPONENT;
COMPONENT countroller
PORT (Clock:IN STD_LOGIC;
    Hold:in std_logic;
    CountNum:in INTEGER RANGE 0 TO 89;
    NumA:out INTEGER RANGE 0 TO 90;
    RedA,GreenA,YellowA:out std_logic;
    RedB,GreenB,YellowB:out std_logic);
END COMPONENT;
COMPONENT counter
PORT (clock:IN STD_LOGIC;
    reset:in std_logic;
    Hold:in std_logic;
    countNum:BuFFeR INTEGER RANGE 0 TO 90);
END COMPONENT;
COMPONENT Fenwei
PORT(Numin:IN integer RANGE 0 TO 90;
    NumA,NumB:OUT Integer RANGE 0 to 9
    );
END COMPONENT;
COMPONENT dtsm
PORT(clk:in STD_LOGIC;
    NumA,NumB: in Integer RANGE 0 to 9;
    segout1:out STD_LOGIC_VECTOR(6 downto 0);
    led_sel: out STD_LOGIC_VECTOR(3 downto 0));
END COMPONENT;
    signal a,b:std_logic;
    signal c:INTEGER RANGE 0 TO 89;
    signal d:INTEGER RANGE 0 TO 90;
    signal e,f:Integer RANGE 0 to 9;
BEGIN
    u1: FreDevider  port map(clkin=>clk1,clkout=>a);
    u2: FreDevider1 port map(clkin=>a,clkout=>b);
    u3:counter port map(clock=>b,reset=>reset1,hold=>hold1,countnum=>c);
    u4:countroller port map(clock=>b,hold=>hold1,countnum=>c,numa=>d,reda=>
        reda1,greena=>greena1,yellowa=>yellowa1,redb=>redb1,greenb=>greenb1,
        yellowb=>yellowb1);
    u5:fenwei port map(numin=>d,numa=>e,numb=>f);
    u6:dtsm port
    map(clk=>clk1,numa=>e,numb=>f,segout1=>segout2,led_sel=> led_sel1);
END aa11;
```

RTL 视图如图 8-4 所示。

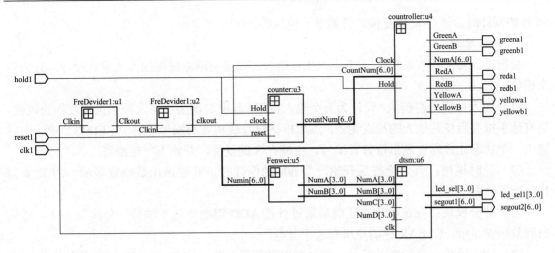

图 8-4　RTL 视图

硬件电路图如图 8-5 所示。

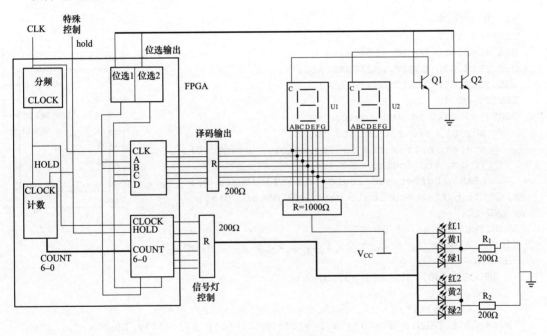

图 8-5　硬件电路图

8.4.5　电子抢答器的设计

1. 设计要求

设计制作一个竞赛抢答器，具体要求如下：

（1）每组受控于一个抢答开关，分别为 S1，S2，S3，S4。

（2）控制键 K，用于控制整个系统清零，K=0 系统清零；抬起复位键时，K=1 抢答开始。

（3）每答对一题计十分，每次答题时间不能超过 60 秒。

（4）第一抢答者按下抢答按钮，对应的 LED 灯点亮，同时数码管显示抢答者编号，并封锁其他各组的按钮，即其他任何一组按键都不会再使电路响应。与此同时，数码管开始显示

60 秒的倒计时。通过 K 键复位，开始下一轮抢答。

2. 设计原理

根据设计要求，本系统底层应用 VHDL 语言，顶层应用原理图的方式进行设计。分为五个模块：

（1）四人按键抢答模块：设计为五个输入按键，其中 S 键为主持人控制抢答过程的按键，当有选手抢答后使其他人的按键无效。然后根据抢答成功者的编号使对应 LED 灯点亮，同时输出一个状态让数码管显示抢答者编号。主持人 S 键复位，开始下一轮抢答。

（2）计时模块：有人抢答后开始一个 60s 的倒计时，并输出由数码管显示，CLK 来自 1Hz 分频模块。

（3）计分模块：在选手答题正确后通过外接 ADD 键给该选手加分，每次加十分，并输出到数码管显示，CLEAR 键清空所有选手分数。

（4）译码模块：显示选手编号、倒计时以及选手分数，CLK 由 1kHz 分频模块提供。

（5）1Hz 与 1kHz 分频模块：程序通过 FPGA 板的 50MHz 频率编写。

3. 部分参考程序

（1）抢答模块。

```
LIBRARY IEEE;
USE IEEE.STD_LOGIC_1164.ALL;
USE IEEE.STD_LOGIC_UNSIGNED.ALL;
USE IEEE.STD_LOGIC_ARITH.ALL;
ENTITY QD IS
PORT( s, clk: in std_logic;
    s0, s1, s2, s3: in std_logic;
    states: buffer std_logic_vector(3 downto 0);
    T: out std_logic;
    LIANG: buffer std_logic_vector(3 downto 0);
    XI: buffer std_logic_vector(3 downto 0));
  END QD;
ARCHITECTURE aa OF QD IS
SIGNAL s_0, s_1, s_2, s_3, l_1, l_2, l_3, l_4: std_logic;
  BEGIN
    PROCESS(s0, s1, s2, s3, s, clk)
      BEGIN
        XI<="1111";
IF (s='0') THEN s_0<='0'; s_1<='0'; s_2<='0'; s_3<='0'; LIANG<="1111";
    ELSIF (clk'event and clk='1') THEN
    IF (s_0='1' or s_1='1' or s_2='1' or s_3='1')
    THEN NULL;
    ELSIF s0='0' THEN s_0<='1'; states<="0001"; LIANG<="1110";
    ELSIF s1='0' THEN s_1<='1'; states<="0010"; LIANG<="1101";
    ELSIF s2='0' THEN s_2<='1'; states<="0011"; LIANG<="1011";
    ELSIF s3='0' THEN s_3<='1'; states<="0100"; LIANG<="0111";
    ELSE states<="0000";
    END IF;
  END IF;
    T<= s_0 or s_1 or s_2 or s_3;
      END PROCESS;
```

```
END AA;
```

说明：S 为主持人复位键；

　　　　S0, S1, S2, S3：四个抢答选手；

　　　　STATES：抢答组号输出；

　　　　T：在 S 按下后使倒计时停止；

　　　　LIANG：控制四个 LED 灯，点亮选手对应 LED 灯；

　　　　XI：使另外四个 LED 灯熄灭。

（2）计时模块。

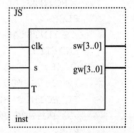

```
LIBRARY IEEE;
USE IEEE.STD_LOGIC_ARITH.ALL;
USE IEEE.STD_LOGIC_UNSIGNED.ALL;
USE IEEE.STD_LOGIC_1164.ALL;
ENTITY JS IS
PORT(clk, s, T: in std_logic;
  sw, gw: buffer std_logic_vector(3 downto 0));
END JS;
ARCHITECTURE aa OF JS IS
    BEGIN
  PROCESS(clk, s, T)
BEGIN
  IF (s='0') THEN sw<="0110"; gw<="0000";
    ELSIF(clk'event and clk='1') THEN
   IF(T='0') THEN gw<=gw; sw<=sw;
    ELSIF (gw="0000") THEN gw<="1001";
   IF(sw="0000") THEN sw<="0000";
    ELSE sw<=sw-1;
    END IF;
    ELSE
    gw<=gw-1;
   END IF;
   IF (sw=0 and gw=0) THEN sw<="0000"; gw<="0000";
   END IF;
  END IF;
 END PROCESS;
END AA;
```

说明：S：按下后倒计时开始；

　　　　SW：输出倒计时十位数；

　　　　GW：输出倒计时百位数。

（3）计分模块。

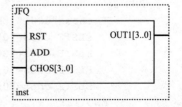

```
LIBRARY IEEE;
USE IEEE.STD_LOGIC_1164.ALL;
USE IEEE.STD_LOGIC_UNSIGNED.ALL;
ENTITY JFQ IS
PORT(RST: IN STD_LOGIC;
     ADD: IN STD_LOGIC;
     CHOS: IN STD_LOGIC_VECTOR(3 DOWNTO 0);
     OUT1: OUT STD_LOGIC_VECTOR(3 DOWNTO 0));
END ENTITY JFQ;
ARCHITECTURE ART OF JFQ IS
```

```
  BEGIN
    PROCESS(RST, ADD, CHOS) IS
      VARIABLE POINTS_A0: STD_LOGIC_VECTOR(3 DOWNTO 0);
      VARIABLE POINTS_B0: STD_LOGIC_VECTOR(3 DOWNTO 0);
      VARIABLE POINTS_C0: STD_LOGIC_VECTOR(3 DOWNTO 0);
      VARIABLE POINTS_D0: STD_LOGIC_VECTOR(3 DOWNTO 0);
  BEGIN
   IF RST='1' THEN
     POINTS_A0: ="0000";
     POINTS_B0: ="0000";
     POINTS_C0: ="0000";
     POINTS_D0: ="0000";
    ELSIF (ADD'EVENT AND ADD='0') THEN
    IF CHOS="0001" THEN
    IF POINTS_A0="1001" THEN
     POINTS_A0: ="0000";
    ELSE
     POINTS_A0: =POINTS_A0+1;
    END IF;
  END IF;
    IF CHOS="0010" THEN
    IF POINTS_B0="1001" THEN
       POINTS_B0: ="0000";
    ELSE
       POINTS_B0: =POINTS_B0+1;
      END IF;
    END IF;
      IF CHOS="0011" THEN
      IF POINTS_C0="1001" THEN
         POINTS_C0: ="0000";
     ELSE
         POINTS_C0: =POINTS_C0+1;
    END IF;
  END IF;
     IF CHOS="0100" THEN
     IF POINTS_D0="1001" THEN
      POINTS_D0: ="0000";
     ELSE
      POINTS_D0: =POINTS_D0+1;
     END IF;
   END IF;
 END IF;
     IF chos="0001" then out1<=POINTS_a0;
        ELSIF chos="0010" then out1<=POINTS_b0;
        ELSIF chos="0011" then out1<=POINTS_c0;
        ELSIF chos="0100" then out1<=POINTS_D0;
        ELSIF chos="0000" then out1<="0000";
     END IF;
   END PROCESS;
 END ARCHITECTURE ART;
```

说明：RST：分数清零按键；

　　　ADD：加分按键；

　　　CHOS=STATES：输入选手组号；

　　　OUT1：输出分数。

（4）译码显示模块。

```vhdl
LIBRARY IEEE;
USE IEEE.STD_LOGIC_1164.ALL;
USE IEEE.STD_LOGIC_ARITH.ALL;
USE IEEE.STD_LOGIC_UNSIGNED.ALL;
ENTITY YM IS
PORT(a: in std_logic_vector(3 DOWNTO 0);
     b: in std_logic_vector(3 DOWNTO 0);
     c: in std_logic_vector(3 DOWNTO 0);
     clk1: in std_logic;
     Y: in std_logic_vector(3 DOWNTO 0);
     adres: out std_logic_vector(7 DOWNTO 0);
     led7s: out std_logic_vector(7 DOWNTO 0) );
END YM;
ARCHITECTURE segled OF YM IS
SIGNAL S: integer range 0 to 12;
SIGNAL D: std_logic_vector(3 DOWNTO 0);
SIGNAL zero: std_logic_vector(3 DOWNTO 0);
BEGIN
P1: PROCESS(clk1)
  BEGIN
   zero<="0000";
   IF clk1'event and clk1='1' THEN
   IF S<5 THEN
     S<=S+1;
   ELSE
     S<=1;
   END IF;
  END IF;
END PROCESS P1;
P2: PROCESS(S)
  BEGIN
 CASE S IS
    when 1 =>D<=a;    adres<="01111111";
    when 2 =>D<=b;    adres<="11011111";
    when 3 =>D<=c;    adres<="11101111";
    when 4 =>D<=Y;    adres<="11111101";
    when 5 =>D<=zero; adres<="11111110";
    when others =>null;
 END CASE;
END PROCESS P2;
P3: PROCESS(D)
  BEGIN
   CASE D IS
    when "0000" =>led7s<="11000000"; --0
    when "0001" =>led7s<="11111001"; --1
```

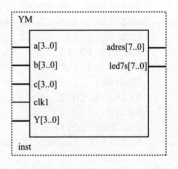

```
     when "0010" =>led7s<="10100100"; --2
     when "0011" =>led7s<="10110000"; --3
     when "0100" =>led7s<="10011001"; --4
     when "0101" =>led7s<="10010010"; --5
     when "0110" =>led7s<="10000010"; --6
     when "0111" =>led7s<="11111000"; --7
     when "1000" =>led7s<="10000000"; --8
     when "1001" =>led7s<="10011000"; --9
     when others =>null;
   END CASE;
  END PROCESS P3;
END SEGLED;
```

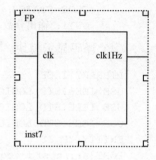

说明：A：输入选手组号；
　　　 B：倒计时十位；
　　　 C：倒计时个位；
　　　 Y：选手分数；
　　　 ADRES：控制数码管位选；
　　　 LED7S：控制数码管段选。

（5）分频模块。

```
LIBRARY IEEE;
USE IEEE.STD_LOGIC_1164.ALL;
USE IEEE.STD_LOGIC_ARITH.ALL;
USE IEEE.STD_LOGIC_UNSIGNED.ALL;
ENTITY FP IS
PORT( clk: in STD_LOGIC;  clk1Hz: out std_logic);
END FP;
ARCHITECTURE segled OF FP IS
BEGIN
PROCESS (clk)
VARIABLE count: INTEGER RANGE 0 TO 49999999;
  BEGIN
   IF clk'EVENT AND clk='1' THEN
    IF count<=24999999 THEN
     clk1Hz<='0';  -- count<=24999999 时 div1s=0 并且
                        count 加 1
     count: =count+1;
    ELSIF count>=24999999 AND count<=49999999 THEN
     clk1Hz<='1';
     count: =count+1;
    ELSE count: =0;
    END IF;
   END IF;
 END PROCESS;
END ARCHITECTURE segled;
（分频 1Hz 时将其中的数去掉三个 9）
```

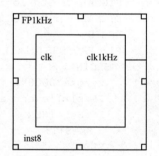

（6）计分器 ADD 加分输入消抖模块。

```
LIBRARY IEEE;
USE IEEE.STD_LOGIC_1164.ALL;
USE IEEE.STD_LOGIC_UNSIGNED.ALL;
ENTITY XIAOD IS
    PORT (CLK, ADD: IN STD_LOGIC;
```

```
        ADD_EN: OUT STD_LOGIC );
END ENTITY;
ARCHITECTURE BHV OF XIAOD IS
BEGIN
PROCESS(CLK, ADD)
    VARIABLE COUNT1 : INTEGER RANGE 0 TO 100000;
      BEGIN
       IF ADD='0' THEN
       IF RISING_EDGE(CLK) THEN
       IF COUNT1<100000 THEN COUNT1:=COUNT1+1;
       ELSE COUNT1:=COUNT1;  END IF;
       IF COUNT1=99999 THEN ADD_EN<='1';
       ELSE ADD_EN<='0';  END IF;
       END IF;
        ELSE COUNT1:=0;
       END IF;
    END PROCESS;
END;
```

原理如图 8-6 所示。

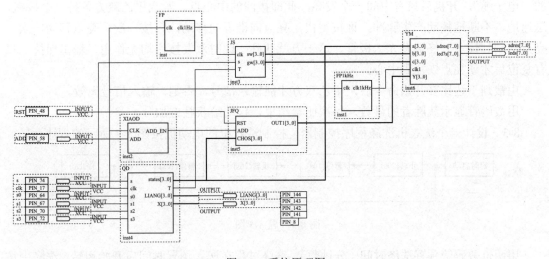

图 8-6　系统原理图

数码管显示 0、60、00;

按下 S 后，显示 0、59、00;

S0 抢答后，显示 1 倒计时停止，按下 ADD 显示 10，第一个 LED 灯点亮;

S1 抢答后，显示 2 倒计时停止，按下 ADD 显示 10，第二个 LED 灯点亮;

S2 抢答后，显示 3 倒计时停止，按下 ADD 显示 10，第三个 LED 灯点亮;

S3 抢答后，显示 4 倒计时停止，按下 ADD 显示 10，第四个 LED 灯点亮;

若按下 RST 键，所有选手得分清零。

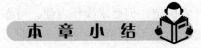

本 章 小 结

VHDL 语言作为一种标准的硬件描述语言，具有结构严谨、描述能力强的特点。本章选取了几个具有代表性的数字系统设计实例，以数字技术的思维方法作为主体进行了论述，并从实践角度出发，介绍了整体的程序结构，并逐步介绍程序，说明了使用 VHDL 语言进行逻辑电路设计的思路和方法。

习　题

8-1　设计一个出租车计价器。费用的计算是按里程收费，出租车的起价为 5 元，当里程小于 3km 时，按起价计算；当里程大于 3km 时，按每千米 1.3 元计算。等待时间累计超过 2 分钟按每分钟 1.5 元计算。并能显示行驶里程数、等待累计时间、总费用。设计的主要技术指标如下：

（1）计价范围：0～999.9 元；计价分辨率：0.1 元。

（2）计程范围：0～99km；计程分辨率：1km。

（3）计时范围：0～59min；计时分辨率：分。

8-2　设计一个能进行拔河游戏的电路。电路使用 15 个（或 9 个）发光二极管表示拔河的"电子绳"，开机后只有中间一个发亮，此即拔河的中心点。游戏甲乙双方各持一个按钮，迅速地、不断地按动产生脉冲，谁按得快，亮点向谁方向移动，每按一次，亮点移动一次。亮点移动到任一方终端发光二极管，这一方就获胜，此时双发按钮均无作用，输出保持，只有复位后才使亮点恢复到中心。

由裁判下达比赛开始命令后，甲乙双方才能输入信号，否则，输入信号无效。

用数码管显示获胜者的盘数，每次比赛结束，自动给获胜方加分。

8-3　设计一个洗衣机洗涤程序控制器，控制洗衣机的电动机按图 8-7 所示的规律运转。

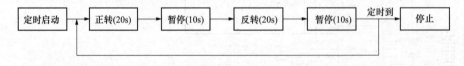

图 8-7　题 8-3 图

用两位数码管预置洗涤时间（分钟数），洗涤过程在送入预置时间后开始运转，洗涤中按倒计时方式对洗涤过程作计时显示，用 LED 表示电动机的正、反转，如果定时时间到，则停机并发出音响信号。

8-4　设计一个 6 位串行电子密码锁，其设计要求如下：

（1）开锁的代码为 6 位十进制数，采用串行输入，并通过数码显示器显示。

（2）设有开锁指示灯。当输入的代码与锁内的密码一致，且按规定的程序开锁时，方可打开电子锁，并点亮开锁指示灯。

（3）设有报警信号。当输入的代码与锁内密码不一致时，系统进入"错误"状态，封锁开锁电路，并发出声光报警信号。

（4）开锁的程序由设计者确定，但要求操作方便、可靠。

（5）设有密码更改按键。当输入的代码与密码一致时，按下此键进入密码更改程序，随后输入的代码为新的锁内密码。要求新密码的设定方便、保密性好。

（6）设有代码清除键。按下此键可清楚已输入的所有代码，并能消除声光报警。

（7）设有上锁键。按下此键可将电子锁上锁。

（8）设有开锁键。按下此键将检查输入的密码是否正确，若正确即可开锁。

8-5　设计一台乒乓球游戏控制器，该控制器能模拟乒乓球比赛的基本过程，并能按照比赛规则自动裁判和计分。设计要求如下：

（1）A、B 双方各有一个击球、发球按键，既可以用来发球，又可用来击球。

（2）球的移动速度为 0.1～0.5s 移动一位。

（3）设有自动记分牌，并能显示每局的得分和胜出局的得分。任何一方先计满 11 分，表示该方此局胜出，并在胜出局数加 1 分。然后重新开始新的一局，任何一方胜出局数为 4 时，比赛结束。

（4）设有发球权显示信号。按照比赛规则，每方两次发球后，需交换球权。

8-6　设计一个 8 层楼房电梯位置控制器，其设计要求如下：

（1）电梯设有上升和下降两种工作模式，并用两个指示灯显示工作模式。

（2）用数码管显示电梯当前所在楼层的位置。

（3）电梯的初始状态为一层，并处于开门状态，相应的开门指示灯亮。

（4）每层电梯入口设有上、下楼的请求按钮，当按钮按下时，相应的指示灯亮。

（5）电梯内部设有乘客到达楼层的停站请求开关以及显示。

（6）电梯到达停站请求的楼层后，经过 1s 电梯门打开，开门指示灯亮。开门 4s 后，电梯自动关门，开门指示灯灭，电梯继续运行，直到执行最后一个请求信号后停在当前层。

（7）电梯控制器能记忆电梯内外的请求信号，并按照工作模式来响应乘客的请求。每个请求信号保留至执行完毕后清除。

第9章 数字系统设计选题

本章共列出若干个设计选题，部分选题给出了设计要求和系统框图。可以根据设计要求和系统框图，按照前面介绍的设计方法，完成选题的设计。这些选题既可以采用传统的设计方法，用中、小规模通用集成电路实现，也可以采用基于 EDA 技术的现代设计方法，用可编程逻辑器件来实现。

9.1 报时式数字钟的设计

1. 设计任务与要求

设计并制作一台能显示小时、分、秒的数字钟。具体要求如下：

（1）完成带时、分、秒显示的 24h 计时功能。

（2）能完成整点报时功能，要求当数字钟的分和秒计数器计到 59min51s，59min53s，59min55s，59min57s，59min59s 时，驱动音响电路，四低一高，最后一声高音结束，整点时间到。

（3）完成对"时"和"分"的校时，并能对秒计数器清零。

2. 数字钟的组成框图

该数字钟由振荡器、分频器、秒计数器、分计数器、小时计数器和显示电路等几部分组成。其组成框图如图 9-1 所示。

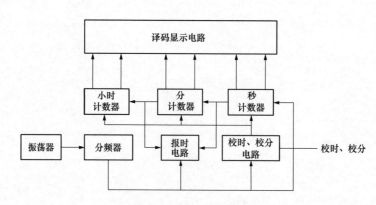

图 9-1 数字时钟组成框图

3. 简要说明

报时式数字钟是由振荡器、分频器、秒计数器、分计数器、小时计数器、校时电路、报时电路和显示电路等组成。小时计数器有 24h 计时和 12h 计时两种。校时、校分电路可对分、小时计数器进行校正，报时电路可对整点时间进行音响报时。

9.2 钟控定时电路的设计

1. 设计任务与要求

设计并制作一台能预置定时时间的定时电路，具体要求如下：

（1）计数器的计时时间为 0～99，用两位数码管分别显示。

（2）定时时间范围为 1～99，用两位数码管显示。

（3）用手动开关控制系统的复位、定时时间寄存及启动。

（4）定时时间到要有音响报警，报警持续时间 5s。

（5）设置工作方式开关可完成 0～99s、0～99min 和 0～99h 的定时（选做）。

2. 钟控定时电路的组成框图

钟控定时电路由控制器、计数器，寄存电路、比较电路，保持电路和显示电路组成。组成框图如图 9-2 所示。

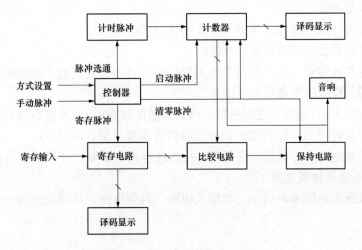

图 9-2 钟控定时电路组成框图

3. 控制器工作时序

本系统的控制器应能完成如下功能电路的清零（包括保持电路）、输入定时时间、启动计数器工作三个过程。其时序过程如图 9-3 所示。

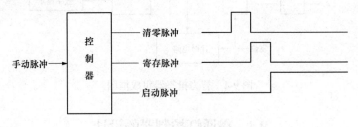

图 9-3 控制器的时序图

4. 简要说明

该电路可由控制器、计数器、寄存电路、比较电路、保持电路和显示电路组成。计数器用来计时寄存电路用来寄存定时时间；比较电路用来完成计时时间和定时时间的比较，若相等，表明定时时间到，驱动音响报警；保持电路用来控制音响的报警时间；控制器用来对系统发出清零、寄存和启动信号，控制系统协调、有序工作。

9.3　智力竞赛抢答器的设计

1. 简要说明

在进行智力竞赛抢答时，需要将参赛选手分成若干组进行抢答。抢答时需要一个抢答器，用来判断第一抢答，确定是否在规定时间内回答问题，以及犯规时发出报警信号。设计的关键是准确地判断第一抢答信号和锁存。在得到第一抢答信号后应立即进行电路封锁，使其他组抢答无效。

2. 设计任务与要求

设计一个可以同时容纳 4 组参赛的智力竞赛抢答器。每组设有一个抢答开关，供抢答者使用，设计要求如下：

（1）可同时进行四组抢答，并用一位数码管显示组号；

（2）各组的抢答信号应能自锁和互锁；

（3）设有抢答开始开关，只有当主持人复位后抢答才是有效的，否则视为犯规，此时声响报警，并能用一位数码管显示犯规组号；

（4）抢答限时 30s，到时不能再抢答；回答问题限时 30s，从抢答有效开始计时，时间到有声响报警，报警时间 5s。抢答限时和答题限时设有数显倒计时显示；

（5）设有犯规电路，对提前抢答和超时抢答进行声光报警，并显示组别。

3. 智力抢答器的组成框图

抢答器组成框图如图 9-4 所示。由输入电路、判别电路、计时电路和声光数显控制电路组成。

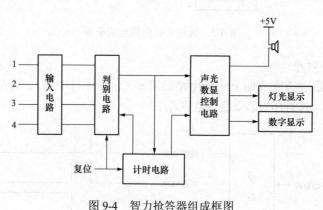

图 9-4　智力抢答器组成框图

9.4　交通灯控制器的设计

1. 简要说明

交通灯控制器用来自动控制十字路口的交通灯和计时器，指挥各种车辆和行人安全通行。

每条道路各有一组红、黄、绿灯和倒计时显示器。其中红灯（R）亮表示禁止通行，黄灯（Y）亮表示即将禁行，绿灯（G）亮表示允许通行。倒计时显示器用来显示允许通行和禁止通行的时间。

2. 设计任务与要求

设计一个具有倒计时显示的交通灯控制器。具体要求如下：

（1）在十字路口的两个方向 A 和 B，各设一组红绿黄灯，显示顺序为 A 方向为绿灯和黄灯时，B 方向对应红灯；B 方向为绿灯和黄灯时，A 方向对应红灯。

（2）两个方向各设有一组计时显示器，以倒计时的方式显示允许通行和禁止通行的时间。A 方向的绿灯、黄灯和红灯显示时间分别为 50、5s 和 35s；B 方向的绿灯、黄灯和红灯显示时间分别为 30s、5s 和 55s。

（3）当出现特殊情况，如消防车、救护车和其他需要优先通行的车辆时，两个方向的红灯全亮，倒计时停止计时，并闪烁显示数字。当特殊情况结束后，控制器恢复原来状态，继续正常工作。

3. 交通灯控制器的组成框图

交通灯控制器由控制电路、计时电路、译码驱动电路和显示电路组成。其组成框图如图 9-5 所示。控制电路是整个电路的核心，用于决定系统状态变化的顺序。译码驱动电路根据控制电路发出的系统状态，产生相应的信号来驱动信号灯。计时电路根据控制的状态进行减法计数。显示电路根据计时电路的计数状态，显示倒计时时间。

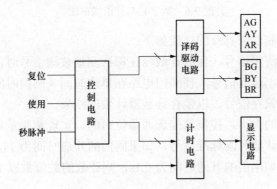

图 9-5　交通灯控制器组成框图

9.5　数字频率计的设计

1. 简要说明

数字频率计是一种用来测试周期性变化信号工作频率的装置。其原理是在规定的单位时间（闸门时间）内，记录输入脉冲的个数。如单位时间为 1s 时，所记录脉冲的个数就是被测信号的频率。若单位时间为 0.1s，则被测信号的频率等于所记录脉冲的个数乘以 10。因此，可以通过改变记录脉冲的闸门时间，来切换测频量程。

2. 设计任务和要求

设计一个数字显示频率计，其设计要求如下：

（1）频率计采用三位数码管显示。

（2）频率测量范围为 1Hz～999kHz，并有溢出指示。

（3）频率计设有 1～999Hz 和 1～999kHz 两个量程，并用数码管显示。

（4）频率计能根据测试信号的频率进行量程自动切换。当频率大于等于 1kHz 时，系统选择 1s 的闸门时间；当频率大于 1kHz 是，在下一次测量时，选择 0.1s 的闸门时间。

（5）采用记忆显示方式，即在计数过程中不显示测试数据，待计数过程结束后显示测试结果，并将此结果保持到下一次计数结束。显示时间不小于 1s。

3. 数字频率计的组成框图

数字频率计通常由放大整形电路、控制器、闸门电路、计数器、锁存器和译码显示电路组成。其组成框图如图 9-6 所示。

控制器是数字频率计的关键部件，可用 74LS194 构成能够自启动的循环状态，控制时序为：①计数器清零；②选通闸门电路；③打开锁存器。

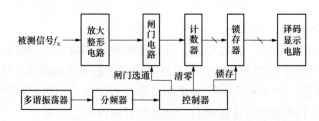

图 9-6　数字频率计组成框图

根据控制时序，控制器应具有的功能如下：

（1）给计数器发出清零信号，保证计数器在每次测量被测信号时都从零开始计数。

（2）给闸门电路发出选通信号，使闸门电路在单位时间（闸门时间）内选通被测信号。

（3）给锁存器发出锁存信号，以锁存计数器计数的结果。

（4）根据测量频率的大小，控制器能选通单位时间，实现测频量程的自动切换。

闸门电路用来提供计数时间标准信号，如果闸门的开通时间为 1s，则计数器计数的数值就是被测信号的频率；如闸门的开通时间为 0.1s，则计数的数值乘以 10 即为测量频率。

9.6　彩灯控制器的设计

1. 简要说明

彩灯控制器可由编码电路和控制器组成。

根据不同的花型，编码电路输出 8 位状态码以控制彩灯按规律亮灭。可以选用双向移位寄存器 74LS194 实现该功能；左、右移位的控制信号及节拍变化均由控制器提供信号。

控制器完成对编码电路的预置，按花型控制编码电路的移位以及节拍信号的变化。控制器可以用计数器及译码器、数据分配器实现各花型及节拍的控制。

2. 设计任务与要求

设计一个能实现 8 路彩灯循环显示的彩灯控制器，具体要求如下：

（1）8 路彩灯的循环花型如表 9-1 所示；

（2）节拍变化的时间为 0.5s 和 0.25s，两种节拍交替运行；

（3）三种花型要求自动循环显示。

3. 彩灯控制器的组成框图

彩灯控制器的组成框图如图 9-7 所示。

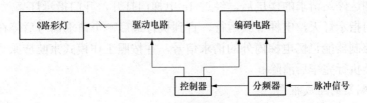

图 9-7　彩灯控制器组成框图

表 9-1　　　　　　　　　　　花 型 状 态 编 码

节拍顺序	编码输出 $Q_0 Q_1 Q_2 Q_3 Q_4 Q_5 Q_6 Q_7$		
	花型 1	花型 2	花型 3
0	00000000	00000000	00000000
1	00000001	10000001	00010001
2	00000011	11000011	00110011
3	00000111	11100111	01110111
4	00001111	11111111	11111111
5	00011111	01111110	11101110
6	00111111	00111100	11001100
7	01111111	00011000	10001000
8	11111111		
9	01111111		
10	00111111		
11	00011111		
12	00001111		
13	00000111		
14	00000011		
15	00000001		

9.7　电梯控制器的设计

1. 简要说明

电梯控制器是按照乘客的要求控制电梯自动上下运行的装置。为了实现乘客上下楼的要求，电梯设有上升和下降两种模式。当电梯处于上升模式时，只响应比电梯所在位置高的上楼请求，由下至上逐个执行，直到最后一个执行上楼要求完毕为止。如果高层有下楼请求，电梯将直接升到有下楼请求的最高层，然后进入下降模式。电梯处于下降模式时，其工作过程与上升模式相反。电梯的上下运行由 CLK 脉冲控制，每来一个 CLK 脉冲，电梯上升或下降一层。

2. 设计任务与要求

设计一个 8 层楼房电梯位置控制器，其设计要求如下：

（1）电梯设有上升和下降两种工作模式，并用两个指示灯显示工作模式。

（2）用数码管显示电梯当前所在楼层的位置。

（3）电梯的初始状态为一层，并处于开门状态，相应的开门指示灯亮，

（4）每层电梯入口处设有上、下楼的请求按钮，当按钮按下时，相应的指示灯亮。

（5）电梯内部设有乘客到达楼层的停站请求开关以及显示。

（6）电梯到达停站请求的楼层后，经过 1s 电梯门打开，开门指示灯亮。开门 4s 后，电梯动关门，开门指示灯灭，电梯继续运行，直到执行最后一个请求信号后停在当前层。

（7）电梯控制器能记忆电梯内外的请求信号，并按照工作模式来响应乘客的请求。每个请求信号保留至执行完毕后清除。

3．电梯控制器的组成框图

电梯控制器的组成框图如图 9-8 所示。位置显示用来驱动数码管显示电梯当前位置；模式显示可用指示灯显示上、下运行的模式；指示灯显示包括上升请求指示灯、下降请求指示灯和停站请求指示灯的显示。

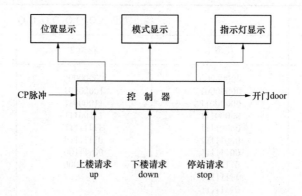

图 9-8　电梯控制器组成框图

9.8　乒乓球游域控制器的设计

1．简要说明

乒乓球游戏控制器使用 8～16 个发光二极管组成乒乓球台，用点亮的发光二极管按一定方向的移动表示球的运动位置。游戏控制器由 A、B 两人来操作，每方各设置一个开关 SA 和 SB，用于比赛中的击球和发球。A、B 两人按比赛规则来操作开关。当 A 方按动开关 SA 时，靠近 A 方的第一个灯亮，然后发光二极管从 A 方向 B 方依次点亮，代表球的移动。当球移动到靠近 B 方的第一个灯时，为 B 方的击球时间，B 方应及时击球，发光二极管向反方向依次点亮，表示球已击出。若 B 方提前击球和未击球，则判 B 方失分，A 方的积分牌自动加 1 分。然后重新发球，比赛继续进行。

2．设计任务与要求

设计一台乒乓球游戏控制器，该控制器能模拟乒乓球比赛的基本过程，并能按照比赛规则自动裁判和计分。设计要求如下：

（1）A、B 双方各有一个击、发球按钮，既可以来发球，又可用来击球。

（2）球的移动速度为 0.1～0.5s 移动一位。

（3）设有自动记分牌，并能显示每局的得分和胜出局的得分。任何一方先计满 11 分，便是该方此局胜出，并在胜出局数加 1 分，表示该方此局胜出。然后重新开始新的一局，任何一方胜出局数为 4 时，比赛结束。

（4）设有发球权显示信号。按照比赛规则，每两次发球后，需交换球权。

3．乒乓球游戏控制器的组成框图（如图 9-9 所示）

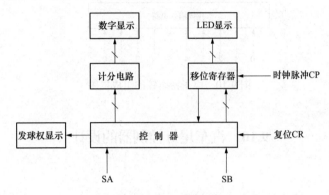

图 9-9　乒乓球游戏控制器的组成框图

9.9　电子密码锁的设计

1．简要说明

电子密码锁又称数码锁，锁内含有用户已设置的若干位密码。当输入的代码与锁内密码一致时，锁被打开；否则，封锁开锁电路，并发出报警信号。代码的输入有两种方式：一种是并行接收数据，称为并行锁；另一种是串行接收数据，称为串行锁。

2．设计任务与要求

设计一个 6 位串行电子密码锁，其设计要求如下：

（1）开锁的代码为 6 位十进制数，采用串行输入，并通过数码显示器显示。

（2）设有开锁指示灯。当输入的代码与锁内的密码一致，且按规定的程序开锁时，方可打开电子锁，并点亮开锁指示灯。

（3）设有报警信号。当输入的代码与锁内密码不一致时，系统进入"错误"状态，封锁开锁电路，并发出声、光报警信号。

（4）开锁的程序由设计者确定，但要求操作方便、可靠。

（5）设有密码更改按键。当输入的代码与密码一致时，按下此键进入密码更改程序，随后输入的代码为新的锁内密码。要求新密码的设定方便、保密性好。

（6）设有代码清除键。按下此键可清除已输入的所有代码，并能消除声、光报警。

（7）设有上锁键。按下此键可将电子锁上锁。

（8）设有开锁键。按下此健将检查输入的密码是否正确，若正确即可开锁。

3．电子密码锁的组成框图

电子密码锁的组成框图如图 9-10 所示。

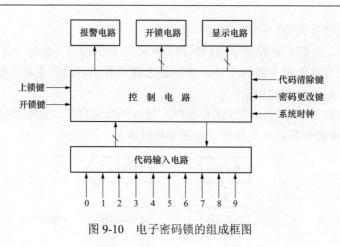

图 9-10　电子密码锁的组成框图

9.10　汽车尾灯控制器的设计

1. 简要说明

汽车左右各有 3 个尾灯。用来指示汽车左转、右转和刹车时的工作状态。当汽车左转或右转时，左侧或右侧的尾灯给出相应的指示；当刹车时，左右尾灯同时给出指示。若正常直行时，所有尾灯无指示。汽车尾灯控制器可通过左转信号、右转信号和刹车信号来控制尾灯的显示。

2. 设计任务与要求

设计一个汽车尾灯控制器来实现汽车尾灯的控制。设计要求如下：

（1）控制器设有左转、右转和刹车 3 个输入信号。

（2）控制器设有 6 个输出信号，分别接到汽车左右侧的 6 个尾灯。

（3）当汽车正常直行时，6 个尾灯全灭；当刹车时，6 个尾灯全亮。

（4）当汽车左转时，左侧的 3 个尾灯按照 000→001→010→100→000 的顺序循环点亮，而右侧的 3 个尾灯全灭；当汽车右转时，右侧的 3 个尾灯按照顺 000→100→010→001→000 的顺序循环点亮，而左侧的 3 个尾灯全灭。

（5）若汽车在转弯时刹车，则向转弯侧的 3 个尾灯按照转弯时的显示规律显示，而另一侧的 3 个尾灯全亮。

3. 汽车尾灯控制器的组成框图

汽车尾灯控制器由控制电路和显示电路组成，组成框图如图 9-11 所示。

控制电路设有四个控制输出，分别为左侧尾灯点亮输出信号 LM、左侧尾灯全亮输出信号 LZ、右侧尾灯点亮输出信号 RM 和右侧尾灯全亮输出信号 RZ，控制电路根据左转、右转和刹车输入信号，产生相应的输出信号。显示电路根据控制电路的输出信号驱动左侧和右侧尾灯显示。为了实现尾灯的闪烁显示，显示电路还需要一个 2Hz 的方波信号，来实

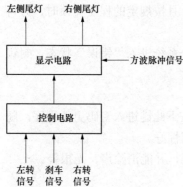

图 9-11　汽车尾灯控制器组成框图

现尾灯的点亮。

9.11 数字电压表的设计

1. 简要说明

数字电压表的基本原理是对直流电压进行模数转换，其结果用数字直接显示出来，按其基本工作原理可分为积分式和比较式两大类。

2. 设计任务与要求

设计数字电压表电路，具体要求如下：

（1）测量范围：直流电压 $0\sim1.999V$，$0\sim19.99V$，$0\sim199.9V$，$0\sim1999V$。

（2）组装调试 $3\frac{1}{2}$ 位数字电压表。

（3）画出数字电压表电路原理图，写出总结报告。

（4）选做内容：自动切换量程。

3. 数字电压表的基本原理

数字电压表是将被测模拟量转换为数字量，并进行实时数字显示的数字系统。

该系统（见图 9-12）可由 MC144333-$3\frac{1}{2}$ 位 A/D 转换器、MC1413 七路达林顿驱动器阵列、CD4511BCD 到七段锁存—译码—驱动器、基准电源 MC1403 和共阴极数码管组成。

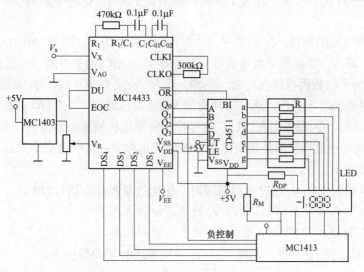

图 9-12 $3\frac{1}{2}$ 位数字电压表电路图

本系统是 $3\frac{1}{2}$ 位数字电压表，$3\frac{1}{2}$ 位是指十进制数 $0000\sim1999$，所谓 3 位是指个位、十位、百位，其数字范围均为 $0\sim9$。而所谓半位是指千位数，它不能从 0 变化到 9，而只能由 0 变到 1，即二值状态，所以称为半位。

各部分的功能如下。

（1）$3\frac{1}{2}$ 位 A / D 转换器：将输入的模拟信号转换成数字信号。

（2）基准电源：提供精密电压，供 A／D 转换器作为参考电压。

（3）译码器：将二—十进制（BCD）码转换成七段信号。

（4）驱动器：驱动显示器的 a，b，c，d，e，f，g 七个发光段，推动发光数码管（LED）进行显示。

（5）显示器：将译码器输出的七段信号进行数字显示，读出 A／D 转换结果。

工作过程如下：$3\frac{1}{2}$ 位数字电压表通过位选信号 $DS_1 \sim DS_4$ 进行动态扫描显示，由于 MC 14433 电路的 A/D 转换结果是采用 BCD 码多路调制方法输出，只要配上一块译码器，就可以将转换结果以数字方式实现四位数字的 LED 发光数码管动态扫描显示。$DS_1 \sim DS_4$ 输出多路调制选通脉冲信号，DS 选通脉冲为高电平，则表示对应的数位被选通，此时该位数据在 $Q_0 \sim Q_3$ 端输出。每个 DS 选通脉冲高电平宽度为 18 个时钟脉冲周期，两个相邻选通脉冲之间间隔为 2 个时钟脉冲周期。DS 和 EOC 的时序关系是在 EOC 脉冲结束后，紧接着是 DS_1 输出正脉冲，以下依次为 DS_2，DS_3 和 DS_4。其中 DS_1 对应最高位（MSD），DS_4 则对应最低位（LSD）。在对应 DS_2，DS_3 和 DS_4 选通期间，$Q_0 \sim Q_3$ 输出 BCD 全位数据，即以 8421BCD 码方式输出对应的数字 $0 \sim 9$。在 DS_1 选通期间，$Q_0 \sim Q_3$ 输出千位的半位数 0 或 1 及过量程、欠量程和极性标志信号。

在位选信号 DS_1 选通期间 $Q_0 \sim Q_3$ 的输出内容如下：

Q_3 表示千位数，$Q_3 =$ "0" 代表千位数的数字显示为 1，$Q_3 =$ "1" 代表千位数的数字显示为 0。

Q_2 表示被测电压的极性，Q_2 的电平为 "1"，表示极性为正，即 $V_x > 0$，Q_2 的电平为 "0"，表示极性为负，即 $V_x < 0$。显示数的负号（负电压）由 MC1413 中的一只晶体管控制，符号位 "—" 阴极与千位数阴极接在一起，当输入信号 V_x 为负电压时，Q_2 端输出置 "0"，Q_2 负号控制位使得驱动器不工作，通过限流电阻 R_M 使显示器的 "—"（即 g 段）点亮；当输入信号 V_x 为正电压时，Q_2 端输出置 "1"，负号控制位使达林顿驱动器导通，电阻 R_M 接地，使 "—" 旁路而熄灭。小数点显示是由正电源通过限流电阻 R_{DP} 供电燃亮小数点。若量程不同则选通对应的小数点。

过量程是当输入电压 V_x 超过量程范围时，输出过量程标志信号 $\overline{OR}$。

当 $Q_3 =$ "0"，$Q_0 =$ "1" 时，表示 V_x 处于过量程状态。

当 $Q_3 =$ "1"，$Q_0 =$ "1" 时，表示 V_x 处于欠量程状态。

当 $\overline{OR} = 0$ 时，$|V_x| > 1999$，则溢出。$|V_x| > V_R$ 则 $\overline{OR}$ 输出低电平。

当 $\overline{OR} = 1$ 时，表示 $|V_x| < V_R$。平时 $\overline{OR}$ 为高电平，表示被测量在量程内。

MC14433 的 $\overline{OR}$ 端与 MC4511 的消隐端 $\overline{BI}$ 直接相连，当 V_x 超出量程范围时，则 $\overline{OR}$ 输出低电平，即 $\overline{OR} = 0$，$\overline{BI} = 0$，MC4511 译码器输出全 0，使发光数码管显示数字熄灭，而负号和小数点依然发亮。

9.12 路灯控制器的设计

1. 简要说明

安装在公共场所或道路两旁的路灯通常希望随日照光亮度的变化而自动开启和关断，以满足行人的需要，又能节电。

2．设计任务与要求

设计一个路灯自动照明的控制电路，具体要求如下：

（1）当日照光亮到一定程度时使路灯自动熄灭，而日照光暗到一定程度时又能自动点亮。开启和关断的日照光照度根据用户进行调节。

（2）设计计时电路，用数码管显示路灯当前一次的连续开启时间。

（3）设计计数显示电路，统计路灯的开启次数。

3．路灯控制器组成框图

路灯控制器组成框图如图 9-13 所示，设计思路如下：

（1）要用日照光的亮度来控制灯的开启和关断，首先必须检测出日照光的亮度。可采用光敏三极管、光敏二极管或光敏电阻等光电元件作传感器得到信号，再通过信号鉴幅，取得上限和下限门槛值，用以实现对路灯的开启和关断控制。

（2）若将路灯开启的启动脉冲信号作计时起点，控制一个计数器对标准时基信号作计数，则可计算出路灯的开启时间，使计数器中总是保留着最后一次的开启时间。

（3）路灯的驱动电路可用继电器或晶闸管电路。

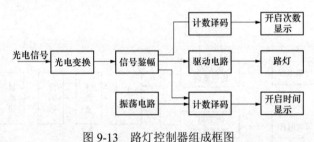

图 9-13　路灯控制器组成框图

9.13　出租车自动计费器的设计

1．简要说明

出租车自动计费是根据客户用车的实际情况而自动显示用车费用的数字仪表。仪表根据用车起价、行车里程计费及等候时间计费三项求得客户用车的总费用，通过数码自动显示，还可以连接打印机自动打印数据。

2．设计任务与要求

设计一个自动计费器，具体要求如下：

（1）具有行车里程计费，等候时间计费及起价等三部分。用 4 位数码管显示总的金额，最大值为 99.99 元；

（2）行车里程单价、等候时间单价、起价均通过 BCD 码拨盘输入；

（3）在车辆启动和停止时发出音响信号，以提醒顾客注意。

3．出租车自动计费器组成框图

出租车自动计费器组成框图如图 9-14 所示，设计思路如下：

（1）行车里程计费。行车里程的计费电路将汽车行驶的里程数转换成与之成正比的脉冲个数，然后由计数译码电路变成收费金额。里程传感器可用干簧继电器实现，安装在与汽车轮相连接的涡轮变速器上的磁铁使干簧继电器在汽车每前进十米闭合一次，即输出一个脉冲信号，实验用一个脉冲源模拟。若每前进 1km，则输出 100 个脉冲，将其设为 P_3，然后选用 BCD 码比例乘法器（如 J690）将里程脉冲数乘以一个表示每千米（公里）单价的比例系数，比例系数可通过 BCD 码拨盘预制，例如单价是 1.5 元/km，则预置的两位 BCD 为 $B_2=1$、$B_1=5$，则计费电路将里程计费变换为脉冲个数。$P_1=P_3(B_2+0.1B_1)$，由于 P_3 为 100，经比例乘法器运算后使 P 为 150 个脉冲、即脉冲当量为 0.01 元/脉冲。

（2）等候里程电路计费。与里程计费一样，需要把等候的时间变换成脉冲个数，且每个脉冲表示的金额（即当量）应和里程计费等值（0.01 元/脉冲）。因而，需要有一个脉冲发生器产生与等候时间成正比的脉冲信号，例如将 100 个脉冲/10min 设为 P_4，然后通过有单价预置的比例乘法器进行乘法运算，即得到等待时间计费值 P_2。如果设等待单价是 0.45 元/分钟、则 $P_2=P_4(0.1B_4+0.01B_3)$，其中，$B_4=4$，$B_3=5$。

（3）起价计费。按照同样的当量将起价输入到电路中，其方法可以通过计数器的预置端直接进行数据预置，也可以按当量将起价转换成脉冲数，向计数器输入脉冲。例如起价是 8 元，则 $P_0=8$，对应的脉冲数为 8/0.01=800。

最后，得到总的行车费用 $P=P_0+P_1+P_2$，经计数译码及显示电路显示结果。

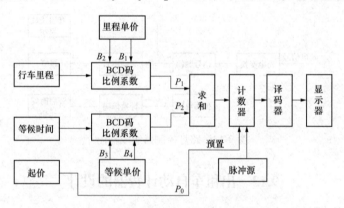

图 9-14 出租车自动计费器组成框图

附　　录

一、安装 Quartus Ⅱ 软件

Quartus Ⅱ设计软件是业界唯一提供FPGA和固定功能HardCopy器件统一设计流程的设计工具，可以完成设计输入、元件适配、时序仿真和功能仿真。在这里介绍 Quartus Ⅱ 13.0 设计软件的安装方法，具体操作如下。

首先找到安装程序所在的文件夹，此处存放位置如附图1所示。

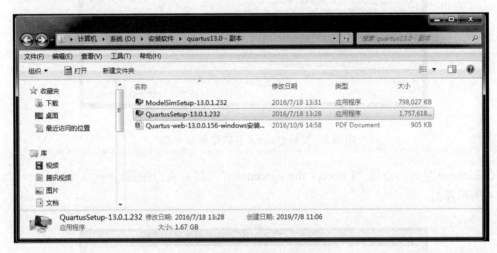

附图1　安装文件夹的界面

双击文件夹中的文件 QuartusSetup-13.0.1.232，将显示附图2所示界面。

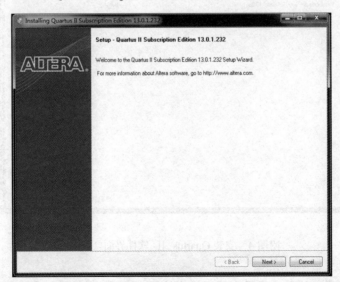

附图2　安装 Quartus Ⅱ 软件界面（一）

点击按钮 Next> 进入下一步，如附图 3 所示界面。

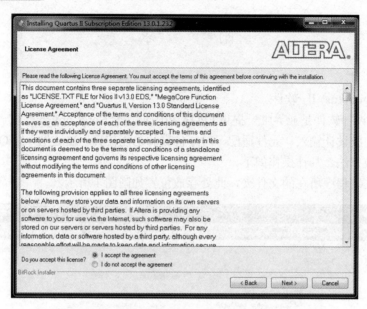

附图3　安装 Quartus II 软件界面（二）

在 License 界面，点选"I accept the agreement"，然后点击按钮 Next> 进入下一步，如附图 4 所示界面。

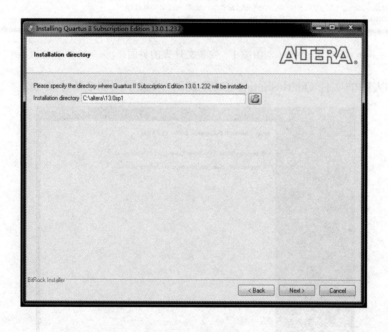

附图4　安装 Quartus II 软件界面（三）

设置安装路径后，按默认目录，然后点击按钮 Next> 进入下一步，如附图 5 所示界面。

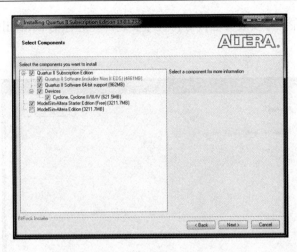

附图 5　安装 Quartus II 软件界面（四）

在安装目录选择列表中，选择需要安装的文件，一般可以直接按照默认选择 Quartus II 安装目录，然后点击按钮 Next> 进入下一步，如附图 6 所示界面。

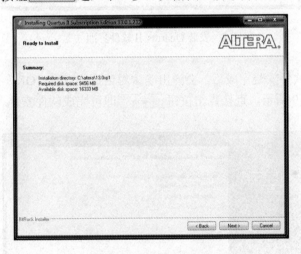

附图 6　安装 Quartus II 软件界面（五）

系统准备安装文件，在该界面上直接点击按钮 Next> 进入下一步，如附图 7 所示界面。

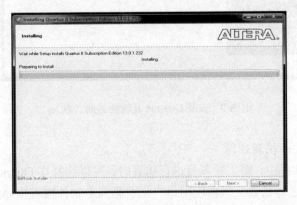

附图 7　安装 Quartus II 软件界面（六）

　　开始进行安装，在程序安装界面，等待程序安装，先进行 Quartus II 13.0 安装，如附图 8 所示界面。

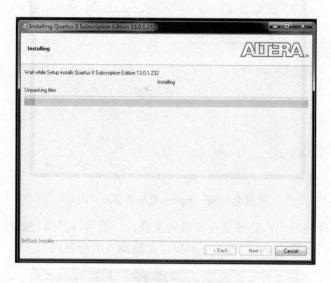

附图 8　安装 Quartus II 软件界面（七）

　　Quartus II 13.0 软件安装完成后，会弹出确认对话框，点击"OK"关闭对话框，显示安装完成界面，如附图 9 所示，直接点击按钮 Finish 即可完成软件安装。

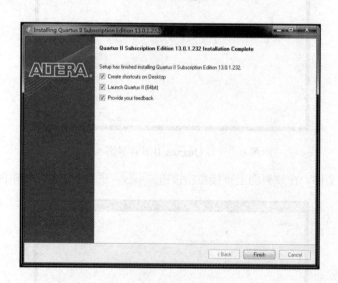

附图 9　安装 Quartus II 软件界面（八）

二、安装 Modelsim 仿真软件

　　Quartus II 13.0 软件中，对工程项目进行仿真时，可以选择在 Quartus II 平台下进行仿真还是借助第三方软件进行仿真。目前应用最广泛业第三方软件内首推 Modelsim 仿真软件，ModelSim 是业界最优秀的 HDL 语言仿真软件，它能提供友好的仿真环境，是业界唯一的单

内核支持 VHDL 和 Verilog 混合仿真的仿真器。电脑安装完 Quartus Ⅱ后，接下来进行
ModelSim 仿真软件的安装。具体操作如下。

打开 Quartus Ⅱ安装文件，如附图 10 所示界面。

附图 10　安装 ModelSim 仿真软件界面（一）

双击文件夹中的文件 ModelsimSetup-13.0.1.232，将显示附图 11 所示界面。

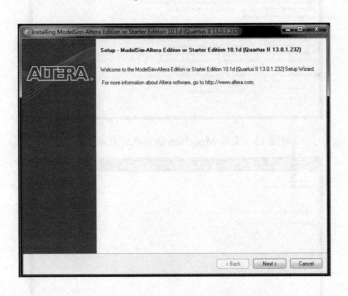

附图 11　安装 Modelsim 仿真软件界面（二）

点击按钮 Next > 进入下一步，如附图 12 所示界面。

按默认选择 Modelsim 安装目录，然后点击按钮 Next > 进入下一步，如附图 13 所示界面。

在 License 界面，点选"Ⅰ accept the agreement"，然后点击按钮 Next > 进入下一步，如
附图 14 所示界面。

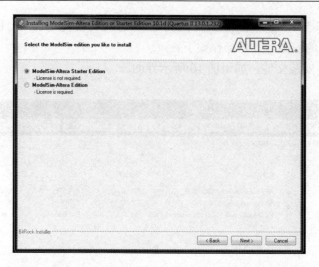

附图 12　安装 Modelsim 仿真软件界面（三）

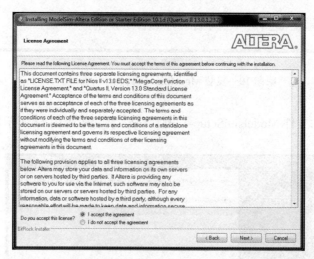

附图 13　安装 Modelsim 仿真软件界面（四）

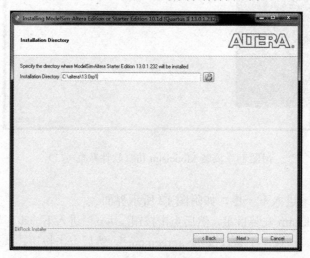

附图 14　安装 Modelsim 仿真软件界面（五）

　　设置安装路径后，按默认目录，然后点击按钮 Next> 进入下一步，如附图 15 所示界面。

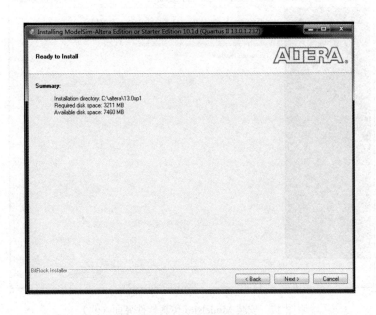

附图 15　安装 Modelsim 仿真软件界面（六）

　　系统准备安装文件，在该界面上直接点击按钮 Next> 进入下一步，如附图 16 所示界面。

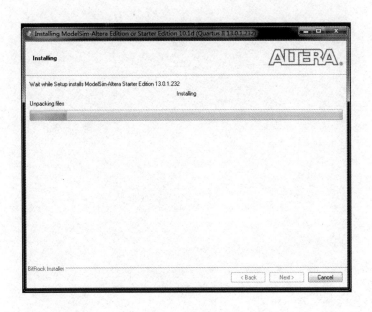

附图 16　安装 Modelsim 仿真软件界面（七）

　　在程序安装界面，等待程序安装完毕，弹出如附图 17 所示界面。直接点击按钮 Finish

即可完成 Modelsim 软件安装。

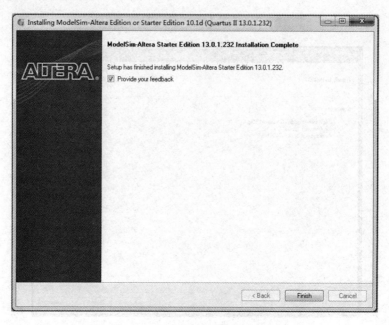

附图 17　安装 Modelsim 仿真软件界面（八）

参 考 文 献

[1] 康华光. 电子技术基础—数字部分. 5 版. 北京：高等教育出版社，2006.

[2] 阎石. 数字电子技术基础. 4 版. 北京：高等教育出版社，2005.

[3] 杨志忠. 数字电子技术基础. 2 版. 北京：高等教育出版社，2010.

[4] 余孟尝. 数字电子技术基础简明教程. 3 版. 北京：高等教育出版社，2011.

[5] 梅开乡. 数字电子技术. 北京：北京大学出版社，2008.

[6] 徐惠民. 数字逻辑设计与 VHDL 描述. 2 版. 北京：机械工业出版社，2004.

[7] 江国强. EDA 技术与应用. 北京：电子工业出版社，2006.

[8] 赵全利. EDA 技术及应用教程. 北京：机械工业出版社，2009.

[9] 欧阳星明. 数字电路逻辑设计. 北京：人民邮电出版社，2015.

[10] 刘鸣，陈世利. 电子线路综合设计与实践. 北京：机械工业出版社，2016.

[11] 师亚莉，陈东. 数字逻辑课程设计实训教程. 北京：人民邮电出版社，2013.

[12] 邹彦. 数字系统设计. 北京：航空工业出版社，2007.

[13] 毕满清. 电子技术实验与课程设计. 北京：机械工业出版社，2009.

[14] 潘松，黄继业. EDA 技术与 VHDL. 北京：清华大学出版社，2017.

[15] 徐向民. VHDL 数字系统设计. 北京：电子工业出版社，2015.

[16] 曲民军. 数字系统设计实验教程. 北京：科学出版社，2011.

[17] 江国强. 现代数字电路系统设计（VHDL 版）. 北京：电子工业出版社，2018.

[18] 邹其洪. EDA 技术实验教程. 北京：中国电力出版社，2009.

[19] 李国丽，朱维勇，何剑春. EDA 与数字系统设计. 北京：机械工业出版社，2013

[20] 张文爱，张博. EDA 技术与 FPGA 应用设计. 2 版. 北京：电子工业出版社，2016.

[21] 康磊，宋彩丽，李润洲. 数字电路设计及 Verilog HDL 实现. 西安：西安电子科技大学出版社，2010.

[22] 王金明. 数字系统设计与 Verilog HDL. 6 版. 北京：电子工业出版社，2016.

[23] 高有堂，徐源. EDA 技术与创新实践. 北京：机械工业出版社，2012.

[24] 王金明，周顺. 数字系统设计与 VHDL. 2 版. 北京：电子工业出版社，2018.

[25] 王金明，周顺. EDA 技术与 Verilog 设计. 2 版. 北京：电子工业出版社，2019.

[26] 赵科，鞠艳杰. 基于 Verilog HDL 的数字系统设计与实现. 北京：电子工业出版社，2019.

[27] 张文爱，张博. EDA 技术与 FPGA 应用设计. 2 版. 北京：电子工业出版社，2016.